U0119610

雲南菜
馬幫之女的爆香食冊
上桌
作者・賀桂芬 食譜攝影・廖家威

作者序

彩雲之南，滇倒味蕾

賀桂芬

謹以此書，獻給我逝去的馬幫父母。

父母過世後，雲南對我的召喚，愈來愈強。終於，我收拾行囊，花了長長的兩個月，細細地走了一趟雲南。走一遍父母走過的路，嚐一遍耳熟能詳、父母懷念一生的滇味。

朋友調侃我是毒梟之女，我不喜歡這稱號。父母的那段歷史，是那個時代、那個環境下，為了生存，上一輩的共業。我寧稱自己是馬幫之女。沒離開雲南前，我的父母都是馬幫。父親趕馬跑生意途中，被國民黨軍隊拉伕。母親自小也跟著馬幫做買賣，家裡被劃為地主，不願面對清算鬥爭，在外公安排下逃出國。

馬幫，用現代說法，他們是中、緬、泰邊境的貿易商。馬是代步，也是通輸工具。我沒遺傳到做生意的精明，但父母共同的嗜好：愛吃、重吃，我倒是承襲到了。不光是我，我們全家，甚至下一代，都是愛吃一族。

父母愛吃，還愛唬人。母親有道小孩都喜歡吃的名菜──雞腦。青花瓷盤上盛著雪白鮮軟的「雞腦」，鮮滑細嫩，上面撒了切得細細的蔥花，光看，就很誘人。我從沒懷疑過，要多少隻雞才能做盤雞腦呀？直到自己當了媽媽，想起這道極易入口的美食，也想讓孩子吃那美味營養的雞腦。向母親要食譜，越洋電話那頭，傳來毒舌派母親的狂笑：「你沒長腦啊？」這才知道，被母親騙了三十年，原來我吃的一直是假腦，難怪我沒長腦。所謂的雞腦，是剁得極細的雞柳，與蛋清慢炒而成的雞肉糊。

自小，家中話題總圍繞著「吃」。嗜吃的一家子，晚餐桌上，父親便已在問：「今兒個消夜吃什麼呀？」如果列出來的選擇都不滿意，父親便開始了：「我們以前啊……」。

說起家鄉菜，父親總是唱作俱佳，加油添醋。「宜良烤鴨那肚子一剖開呀，香味兒直衝腦門兒，」「那刀削麵師傅頭上墊塊布，頂著麵糰呀是左一刀、右一刀，那麵條就這麼一條一條咻、咻、咻，飛進了滾鍋裡，那師傅削得順手、削得忘我，哎呀，

這一個不小心，一塊頭皮給削了下來⋯⋯」「這做菜呀，色要逗，香要透，味要夠。」父親總這麼說。可從小到大，我們從沒見過這老太爺踏進廚房半步。君子遠庖廚的父親只做一件事情：殺鱔魚。

父親有塊專用的殺鱔魚板，高腳斜木板上倒釘了根釘子，父親手沾些火灰，抓起滑不溜丟的鱔魚，將魚頭刺進釘子釘牢，左手食指和中指螳螂爪般夾住鱔魚頭下三吋，右手操刀，跟著左手從上而下，一刀劃開鱔魚，再一刀剃去魚骨，精準俐落如變戲法，總吸引左鄰右舍小毛孩子圍觀。

父親只說得一口好菜。同樣嗜吃的母親可不一樣，十足的行動派。常見她循香鑽進別人家的廚房，阿卡、擺夷、苗族等少數民族的廚房，言語不十分通，她也照鑽不誤。通常隔天餐桌上，便多了一道新奇好吃的菜色。擺夷族的醃菜煮漢人的麵疙瘩，煮芭蕉樹心，炒香氣襲人的白花，或將大蒜、番茄和辣椒炭烤後搗碎，混合成辣醬；阿卡族的燒芭蕉花；用傈僳族的吃法料理漢人的牛乾巴，炭烤後再搗得鬆軟⋯⋯我家餐桌，五族共和。

行走雲南，才發現，愛好美食的人，到了雲南，等於到了天堂。

父母在世時，我不覺得雲南是故鄉。父母過世後，那條看不見的線突然拉緊了，扯著我，喚著我。我行腳父母的舊時路，讓滇味驚奇喚醒幼時的味蕾，繪出一張父母留給我的美味地圖。

細訪雲南，最讓我震撼的是發現那兒的女性竟然都是九頭身，又高又苗條。我想是和雲南豐富發達、講究新鮮天然的飲食文化有關。雲南少數民族繁多，混合交融的飲食文化又盡皆以草木香料為基底，比方秀美的擺夷（傣族）便擅摘食綠色健康的野菜，自然最利保持曼妙身材。雲南是中國的基因寶庫，植物種類繁多，珍貴草藥菇蕈遍地。有人開玩笑說雲南的牛奶香濃，是因為那兒的牛都是吃遍地野生的草藥長大的。

在健康養身的潮流下，滇菜開始在大陸和香港走紅。在台灣，除了知名老店「人和園」外，雲南菜大都藏身在鄉間。到處可見的泰國餐廳裡，因為大多是泰國或緬甸的雲南華僑所開，是有些個不道地的雲南菜。期待有一天，台灣能夠出現脫離泰菜旗下，道地的滇味。

目次 contents

2 作者序 彩雲之南，滇倒味蕾

【卷一】
垂涎千里

8 被故鄉綁架

14 好客貪嘴的雲南人
香料炒肉 24

24 百變米食
紹子米干 30／過橋米線 32

34 玉米粑粑
蒸、煎玉米粑粑 36／原味玉米濃湯 38／三丁炒玉米 40
蛋炒玉米 41

42 涼拌王國
自製雲式涼拌醬料 46／滇式涼麵 48／百香果涼拌大蝦 50
百香果拌南瓜 51／菜心胡蘿蔔涼拌冬粉 54／涼拌牛肚 54
涼拌花枝 55／涼拌海帶芽 55

56 雲式開胃湯
雲式牛雜湯 60／開胃酸筍雞 62／酸筍煮魚 63
酸木瓜雞湯 64／波羅蜜湯 66／木棉花湯 68

70 戀戀草果
雞蛋草果湯麵 72／草果雞湯 74／草果雞湯煮百菇 75
草果豆腐丸子 76

78 食花譜
黃飯 82／涼拌番茄野薑花 84／紅黃椒炒野薑花 85
野薑花天婦羅 85／擺夷芭蕉花湯 86／茉莉花冷香泡飯 88

90 醃菜大觀

水醃菜食譜

涼拌水醃菜 95／自製水醃菜 95
水醃菜涼拌米線 97／水醃菜拌黃瓜 97
水醃菜拌水煮肉片 97
水醃菜拌蒟蒻 98／水醃菜炒肉 100
水醃菜炒洋芋泥 100

辣醃菜食譜

醃菜炒肉 102／醃菜炒蛋 103
醃菜炒豆芽 103／醃菜扣肉 104
醃菜扣肉洋芋 105／醃菜麵疙瘩 106

醃豆腐食譜

醃豆腐蒸蛋 109／醃豆腐火鍋醬 109
醃豆腐炒空心菜 109
腐乳醃菜豆花米線 100

112 經典炸物

炸豌豆片與糯米粑粑 114
茴香洋芋丸子 116／酥肝 118
炸酥肉 120

122 番茄魔法

番茄辣醬 124／番茄炒過貓 126
番茄炒洋芋 129／番茄炒蓮藕 129
番茄拌皮蛋 130
滇味義式涼拌皮蛋 131
番茄燴魚 132／涼拌番茄 133

【卷二】
美味遍地

134 昆明人悠悠呢

140 到大理，吃涼粉

蕎涼粉 147／米涼粉 148／冰涼蝦 150

152 喜洲粑粑與周城乳扇

156 傣族的香料烤物

香料烤魚 160／香料烤肋排 162
酸奶黃薑烤雞翅 164／茄子辣醬 165
大薄片 166

168 西雙版納擺夷風味餐

涼拌魚腥菜 170／酸筍田螺 171

172 保山婆的嗆辣傳統味

辣子雞丁 178／快炒豬肝 179
乾辣腰花 180／嗆辣蝦 181

182 騰沖，大救駕

稀豆粉 186／豌豆粉 188
大救駕 190／雞腦 192

194 麗江，菇蕈王國

燒蕈子 197／油雞樅 198
涼拌百菇 200／涼拌木耳 201

202 附錄

雲南市集與滇菜餐廳、採購指南

出生在泰北美斯樂的馬幫之女，
尋著味蕾的記憶返回父母的家鄉，
在雲南一一尋訪從小熟悉的滇味。
雲南菜，既是邊城野味，也能端上大宴，更可以很家常。
擅長用香料的雲南人，料理手法讓人顛倒味蕾，
從此上癮。

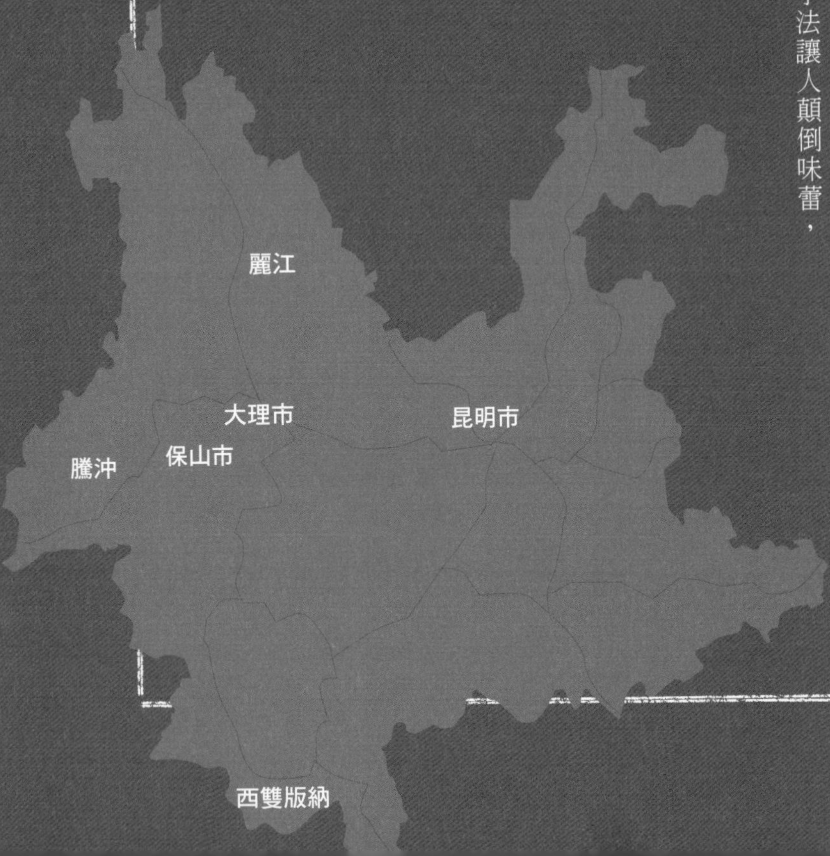

麗江
大理市
昆明市
保山市
騰沖
西雙版納

【卷一】垂涎千里

被故鄉綁架

在大陸，不管在經濟最發達的珠三角還是長三角，到處都是異鄉人。四川、貴州、湖南、湖北的勞務大軍，浙江、福建、廣東的商人……，每年春節，這些異鄉人的返鄉，被稱為人類最大的遷徙。但幾億人次的「搬運」中，卻難覓雲南人的身影。

個個都是家鄉寶

有人拿雲南人、浙江人和四川人做了個簡單比較。

浙江人：老子可以當老闆，也能睡地板。
四川人：當不了老闆，老子就睡地板。
雲南人：當不了老闆，但老子也不睡地板。

都說給父母慣壞的孩子叫「爹寶」、「媽寶」，那「家鄉寶」聽過不？這說的便是雲南人。

晚清雲南籍狀元袁嘉谷曾經對自己的學生說，自己百無一好，卻有一個很特別的愛好，他稱之為「滇癖」。

何為「滇癖」？就是對雲南一往情深的熱愛與眷戀，其實，就是家鄉寶啦。

《昆明縣誌》裡說：「吾滇人最不喜歡背井離鄉。士人除了外出做官，只有赴試才肯離開家鄉，否則井田桑麻，以終老田間為樂。」

這幾年，雲南旅遊大熱門。四季如春的怡人天氣；進不了八大菜系，卻有獨樹一格的大菜小吃；高山峻嶺，六百多條川江和四十多個湖泊縱橫交錯……。兼之雲南有三多——人種、植物、生物，都

是全中國最多，「植物王國」、「動物王國」、「有色金屬王國」以及「藥材之鄉」等等封號，指的都是雲南。

這麼一個地方，孕育出來的人文地貌、飲食文化，繽紛似錦如繁花，精采可想而知。

雲南人便是被這好山好水好氣候，舌尖天天在享受的日子給慣壞了。哪個省分的人，都不缺到外地征戰的老鄉，唯獨雲南人，戀家戀母，安於在富饒的家鄉，過過小日子。

拴在米線那頭的風箏

雲南人到底有多麼戀家？看看下面這串大陸網民點評雲南家鄉寶的對話便知一 、二。

Ⓐ 雲南環境太舒適，讓人容易懈怠，我是典型的，到外邊轉一圈就回來了。

Ⓑ 我還在轉，但是一定要回來！

Ⓒ 費了很大力氣從雲南考出來，但心裡最想的還是回去生活。

Ⓓ 我以前也不信我是家鄉寶，但出來了以後才發現雲南確實好嘛，雲南人不好勇鬥狠，對人禮貌，雲南呢，氣候更是獨一無二，經濟雖然不太發達，但也生活富足……總之就是好嘛！

Ⓔ 好不容易考出來了，但發現外邊這些地方真破得可以，還是家鄉好。

Ⓕ 離開家鄉的雲南人，就是拴在米線那頭的風箏，誰讓咱們氣候那麼好呢，蔬菜瓜果真的比這裡多多了。

Ⓖ 誰讓雲南的小吃太好吃，而且很刁鑽。

早餐也能很豐盛

雲南人戀家戀雲南，太有口福絕對是關鍵。先說說雲南人的早餐吧。這不說不打緊，一說，我肚子裡的饞蟲立刻翻騰了起來。

雲南人的早餐，那可真只有四個字──琳琅滿目。那些個包子饅頭豆漿油條等尋常之物便不必提了，就說說別的省分吃不到的吧。

餌塊：用大米做成，新鮮軟糯、漫著米香的餌塊薄餅，放在炭火上烤到有些金黃，愛吃甜的，便抹上玫瑰花醬、芝麻醬、花生醬。愛吃鹹的，就抹上豆腐乳、辣椒醬、芝麻，佐香菜末、醃菜末，再夾根酥脆的油條。那滋味，唉，不嚐不知道啊！

餌絲：顧名思義，餌塊切成絲，燙軟後放到紅燒雞、牛、豬高湯裡，撒上幾片新鮮薄荷葉，夾上一筷子泡菜配著吃，那鹹香燙糯的滋味，是會勾魂的。

米線：糯米做的米線，是雲南人的命。乾的湯的涼的炒的，拴住所有雲南人的胃。雲南人吃米線，吃法數十種。早餐大多吃湯米線，大氣鍋、小銅鍋、小砂鍋，豬湯雞湯牛湯，澆上各種紹子（類似肉燥）──紅燒牛肉、紅燜豬肉、辣雞肉、醃菜肉、白肉，任你選，連吃它個把禮拜，口味都可以不重複。

稀豆粉：豌豆做的豆糊，鋪上炒香了的芝麻、花生、蒜油、辣油、花椒油，撕著一塊塊炭火烤香了的厚餌塊蘸著吃，那透著米香和炭火香的軟糯餌塊包覆著香料和豆香，才從被窩裡爬起來的嗅覺味覺頓時忍不住起舞。

但是，問題來了，雲南人既不愛出外打拚，在海外，甚至在中國其他省分，自然很難吃到道地的雲南菜，沒廚師嘛。雲南大菜小吃皆美味，卻擠不進八大菜系，問題說不定就出在，家鄉寶雲南人寧願窩在家裡，也不願出外爭氣的個性。

泰、滇味，結親家

泰國菜在全世界都很紅，在台灣也是。但你有沒有注意到，台灣的泰國菜，好像老是跟雲滇這兩個字連在一起，店名也好，菜單也好，泰味、滇味，似乎如膠似漆分不開。

其實，泰國菜和雲南菜在全世界一點關係都沒有，唯獨在台灣結成了親家，原因來自七〇年代開始的一波小遷徙。而這又跟泰國人沒多大關係，主角是緬甸僑生。

緬甸六〇年代排華，關閉了所有的中文學校，很多失學的華人子弟，跑到泰國的華校就讀，國中畢業後幾乎都到了台灣升學。這批僑生中的一些人，選擇了餐飲業。雲南人、在緬甸成長、在泰國求學，到台灣創業。他們的籍貫和經歷，造就了泰味和滇味在台灣的聯姻。

這批人開餐廳，不太可能賣台灣消費者陌生的緬甸菜，賣紅遍全球的泰國菜便成了最佳選擇。由於他們幾乎都是雲南人，媽媽的一些滇味菜色，便夾帶進了他們的菜單，大薄片和綠咖哩雞因此在台灣成了一家親。

其實，泰國和雲南唯一的交集是傣族（擺夷族）。傣族是泰國人的一支，但傣族人的飲食，只有在泰國北部極少數地區存在，在正統的泰國菜裡，幾乎沒有擺夷菜的角色，更遑論雲南菜了。

雲南菜和泰國菜的用料、風味，幾乎沒有一絲相像。

比方說，泰國菜用大量的檸檬，雲南菜用醋。泰國菜用南薑、香茅，雲南菜用薄荷、香柳。泰國菜用生的大蒜、辣椒，雲南菜用泡在油裡的大蒜、辣椒。雲南人喜歡喝湯，泰國人很少熬湯。泰國沒有餌塊，雲南人沒餌塊活不下去。

總之，因為大時代的動盪，滇味、泰味在台灣結成了親家，孕育出全世界最獨特的泰國餐廳樣貌。

滇菜，自己來

台灣很幸運，國軍撤台時撤來一批雲南人，分布在桃園龍潭、中壢龍崗、新北市的新店和中和，以及南投的清境農場。雲南館子不算少但偏僻，真找不到，就自己動手做吧。

相信我，雲南菜一點也不難，食材在台灣幾乎也都買得到。而且我的經驗是，家人和朋友，嚐過雲南菜之後，通常會被勾了魂，回不了頭了。

雲南菜最大的好處，是作法簡單。不信？問問這本書的編輯吧。食譜開拍第一天，她便領教了做雲南菜多麼地簡單又快速。這段文，是編輯要求我寫來引誘讀者你，自己動手做雲南菜的。不騙你，雲南菜一點兒也不難，你絕對可以一小時做出澎湃下飯的五菜一湯，讓全桌人對你豎起大拇指，央求你哪天行行好，給他們再來一頓。

在我家，早餐一定在家裡吃。我通常只花半小時，兩、三人份，三、四道餐點外加水果便上桌了，這可不是烤個土司煎個蛋那種早餐喔。

我從來不怕家人臨時說餓，或有食客不請自來，我總是可以在二、三十分鐘內，端出讓他們咂嘴又飽胃的餐點。

你只要像我一樣，在家裡種幾樣非常容易種的香料（22頁），隨手摘用，或者買些新鮮的放冰箱；再隨時備著雲南人家裡都有的幾種「常備良料」（46頁）和乾的香料（23頁），再挑嘴的胃，保證都被你收服。

我成功引誘你了嗎？

好客貪嘴的雲南人

小時候上學，每天早上上完兩節課，有二十分鐘的休息時間，我們都喜歡跑到操場外的一個攤子買各式吃食。我記得，當時最受大家歡迎的，是一攤擺夷媽媽的手藝。

美食餵大的孩子

我們喜歡買一包酸筍雞，倒進一包炒河粉。帶著醬油香的河粉，夾帶著酸酸香香帶點辣味的筍絲，那味道我現在回想起來，腦中似乎還會分泌腦啡。

當時有位同學，家境不好。不知從什麼時候開始，她自告奮勇幫我們跑腿。每次，我們都擠在教室裡竹籬笆最大的縫隙後面，嘻笑著，看她從偌大的操場那一頭，慢慢走回來途中，這包打開吃一口，那包打開吃一口。

說也奇怪，這件事情，從來沒有人戳破。這也是雲南人的天性吧，寬厚，重情輕物。這情形持續了多年，沒人怪她，連彼此談論都不曾。我們每天走路上學，沿路有同學加入嘻鬧大隊。經過她家，我們還是停下來，等一早起來必須幫母親到菜市場賣菜做準備沒早餐可吃的她，打點妥當，加入我們，一路嘻嘻哈哈上學去。

台灣的小朋友，下課便衝到操場玩，我們卻是衝向小吃攤。現在回想起來，吃，這件事，真的是雲南人最大的罩門。一有空檔，吃，永遠是第一優先。家裡不消說了，全家老小，肚子裡都長了饞蟲。同學似乎也都如此。

同學多為雲南人，週末假日，你到我家，我到你家，碰到用餐時間，絕不推辭，老實不客氣地坐上餐桌，每個家庭似乎也都很習慣有客人共食。

被養刁的嘴

美斯樂幾乎每家每戶都有佣人。台灣朋友聽我說家裡有佣人，以為我是千金大小姐，其實完全不是這麼回事。美斯樂人家，物質生活都不富裕，但少數民族比我們更窮，又都不節育，孩子生了養不起，賣到漢人家似乎是唯一的辦法，至少漢人家庭吃飯沒問題。因此一般百姓家裡有兩、三個佣人，是很平常的事。

有些家庭，一個佣人負責帶一個孩子。傍晚時分，常看到一個個小霸王在街上玩耍，佣人端著飯碗在後面追著餵飯的畫面。

因為佣人都是不同種族的少數民族，我們有幸遍嚐各族美食，只要往廚房裡鑽，不愁沒新奇的食材和料理方法可學。我也喜歡窩在廚房，聽佣人們聊天，她們心情好時，會讓我當當下手。當時不是用炭就是用柴，瓦斯是我十歲以後才出現的東西，但很多東西的香味，也被漸漸消失的柴火炭火給帶走了。

燒柴或燒炭，會有溫度還很高的火灰往下落，堆得小山似的。很多美食就是靠這火灰來料理。把用香蕉葉包著的牛乾巴投進火灰裡焖烤；烤好的牛乾巴，放到石臼裡搗鬆，就可當一道菜或零嘴撕著吃。

火架上，常常烤著雞鴨魚肉，或用竹籤串成一串的大蒜、紅蔥頭和辣椒。這些香辛料烤好後去皮，搗碎後加醬油、鹽和香菜末，用切片黃瓜、煮過的佛手瓜、白菜、高麗菜和箭筍蘸著吃，那香味是雲南人如影隨形的鄉愁。

被綁架的胃

雲南人的嘴，個個被養得很刁；雲南人的胃，是被綁架了的家鄉寶的胃。在台灣土生土長的女兒小寶也是。

女兒去年到高雄唸大學，才住進宿舍沒多久，就要求搬出去住，還要求騎機車。理由是文學院在山上，中午如果下山吃中飯，來回必須走個一小時，而山上福利社永遠只有雞腿便當和排骨便當，「能吃嗎？媽媽，你說！」宿舍也在半山腰，極不方便。「早餐除了麵包，只有潤餅可以吃。媽媽，你相信嗎！」一副世界末日的口氣。

這小妮子，在「吃」這件事情上面，始終很難妥協。考上高中後，我讓她辦休學，將她丟到美國南方偏僻的密西西比州一個小鎮當交換學生磨練磨練。我做著一年之後她獨立自主不挑吃穿的美夢。

她確實不抱怨在寄宿家庭當小丫嬛。但是，唉，「吃」這個坎兒，她還是過不去，叫苦連天。她常叫我傳食譜給她。沒多久，她的轟（home）爸轟媽轟哥轟妹的胃，都被她綁架了。

一年後，她從美國回來。我心想，吃慣了老美食物，這下我可以輕鬆些了吧？早餐餵你吃麵包就好。

我的如意算盤，連一天都沒打響。小妮子步出機場，才坐上車，便如釋重負地大聲宣告：「我受夠美式食物了，再也不吃。」唉，剛剛接到她時摟了摟她，原本紙片人般的她，確實變得腰粗屁股大，我能說：「妳給我繼續吃麵包、cheese！」嗎？

這小子是江西老表的女兒，但老說自己是雲南人，確實也說得一口雲南話。去雲南旅遊時，小不點滿口雲南話，逗得地陪姊姊一路把她捧在手心。她的胃，也是雲南胃、泰國胃。從小三餐都吃家裡的，還三不五時吆喝同學來家裡吃香喝辣，橫似把家裡當公共食堂。

這沒見過世面的小鬼，小的時候，舅舅帶她去逛夜市，叫了碗出名的蚵仔麵線給她吃，她吃了一口，哭喪著臉央求舅舅帶她回家：「我要回家吃米干。」舅舅為之氣結，罵她：「妳這帶不出去的土包子。」

上了高中，因為通車，透早就得出門，我請她以後改在上學路上買早餐。她大小姐大眼一瞪：「媽媽，妳自己願意天天吃外面的早餐嗎？」我嘆口氣，臭小子，算妳狠！說實話，我自己除非出差、開早餐會，一年到頭，在外面吃早餐的次數不超過五次。她就是不讓我等她出門之後再給自己做頓好早餐。

於是，友人戲稱二十五孝的我，每天五點起床，給娘兒倆做早餐。

我家做早餐、吃早餐向來是大陣仗，一頓兩、三人份的早餐下來，用的、洗的鍋碗瓢盆湯匙筷子

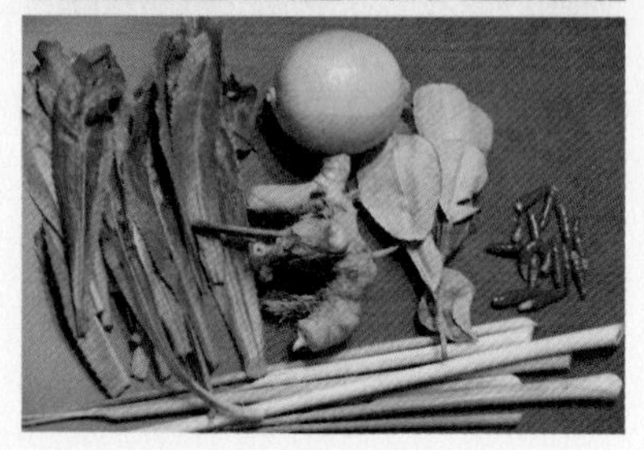

不下三十件。一家老小都愛吃湯湯水水，熱的鹹的。兩、三樣小菜配個主食，不是米干米線就是飯。別人都笑我們：「你家做農的啊？」

我家不做農，但我確實是半個農婦。我有個小小的院子，種的花不多，香料倒很多──香柳、刺芫荽、香茅、南薑、薄荷、魚腥菜，都是做雲南菜和泰國菜常常用到、但要跑好遠才買得到的香料。一次，一位朋友來訪，非用餐時間，她饑腸轆轆，我到院子轉了一圈，採了五、六種香料，混在一起剁碎，和絞肉一起炒了一盤香料炒肉給她配白飯吃，前後花不到十分鐘。而她，三兩下吃了個盤底朝天。

外食不如自己做

朋友常問我，哪家泰國餐廳好吃？我必須招認，問我等於問道於盲。我和親朋好友極少外食，每次到外面吃泰國菜，都有人抱怨：「還不如自己做的好吃。」有位開知名連鎖泰國餐廳的同學，跟大夥到我家聚餐，吃得最樂的是他。

和親友每隔一、兩週便聚在一起吃吃喝喝，但都是在彼此的家裡，從不外食。幾個相熟貪嘴的台灣朋友常喜歡來插花，他們知道，雲南人的聚會，少不了滿桌 home made 美食流水席。

有個同為雲南人的國中同學，是我們這干同學中最嚴謹、最不跟我們瞎混的一位，我們一直不懂，她為什麼不太搭理我們這群老友。有一次，她的妹妹終於向我們說了實話：「我姊說，雲南人聚在一起就只知道吃吃吃，浪費時間浪費錢。」

她罵得有理。雲南人確實太安於過過小日子，太重視舌尖上的享受。

明末流寇張獻忠在四川大屠殺，還立下一碑，上書一對聯，左聯：天生萬物以養人。右聯：人無一德以報天。橫批：殺殺殺殺殺殺殺。這副對聯借來形容雲南人，可改為：天生萬物以養人，人無一德以報天，橫批：唯有吃吃吃吃吃。

小時候家裡常有山地人送來獵獲的虎肉、鹿肉、穿山甲和山羌等野味，每回這種時候，父母總是大宴賓客。

從小到大，我家經常有父母的城市朋友上山避暑，一住就是個把月，吃住全免費，還點菜呢！我們很習慣，家裡就像人民公社，任人來去。日後才知道，這種生活文化一點也不放諸四海皆準。一位同事了好多年的日本人，被我提出去她家玩的要求嚇得花容失色。

桌上永遠都有家鄉味

我們學校裡有很多遠道來唸中文的學生。每到年節，爸媽總是叫我們請沒回家的外地同學到家裡過節，三、四張桌子併起來的長桌，常常一坐坐了一、二十人。我家現在也是，尋個名目，親友們便來了，大人小孩各自找伴，桌上永遠有家鄉味，下廚展手藝的，主人、客人都有。

大哥幾年前回去接手父母創立的美斯樂第一家旅館。客人付一百塊房錢，他請人家喝兩百塊的酒。過年過節，他大擺長桌宴，房客全部受邀。

到雲南尋根，我才發現，不是我們這一群客居異鄉的老鄉們特別喜歡相互取暖，而是雲南人天生熱情好客。那兩個月，我無數次被請進當地陌生人家裡頭吃飯。在傣族自治區孟連的七天更是如此，我沒有一天自己花錢吃飯過，都是當地人領著上這個家、上那個家去享受傣族美食和他們的好客。

可惜就沒碰上著名的長街宴。

雲南的很多少數民族，都有節日大擺流水席的傳統，百來張桌子排在一起，像條長龍。每家每戶都貢獻人力做菜，家家是主人也是客人。

去年帶同事到雲南旅遊，逛蠟染之鄉周城的菜市場，一位白族老太太正端著一碗芋頭飯吃，同事好奇湊過去看，老太太一樂，手一伸：「給你吃。」接著還對我們這群陌生人指著我說：「你是我們雲南人嘛，你帶她們到我家玩。」雲南人的爽朗好客，讓同事們到現在還津津樂道。

最擅長香料藥草入菜

表哥從雲南來台旅遊，我帶他們全家到公司附近常去的一家館子吃飯。席間我們嘰嘰喳喳，用雲南話交談。平常可能自認跟我挺熟的老闆，聽到我彷彿神明上身的乩童，口裡吐出他陌生的語言，好奇心驅使，他三不五時繞過來我們桌前晃悠，想聽清楚我們到底是哪個星球來的。

結帳時，他問我到底在說什麼火星文，我一回答，他立刻睜大眼睛，壓低聲音，彷彿撞破我天大祕密般斜睥著我：「喔哦——，藍鳳凰！」自此，我每次去他那兒吃飯，他總是用同樣神情、同樣語氣，叫我藍鳳凰。

金庸筆下的五毒教主藍鳳凰，如果跟我有什麼地方相像，就只一件：她擅於用藥。

雲南遍地皆藥草，裡頭有毒有藥，藥裡有中藥、有香料。雲南人挺特別的，極少把藥純當藥吃。你很少看見雲南人煎藥，只會看見雲南人將藥入菜，三七、當歸、天麻、草果等等，別人當藥，我們當菜。

一樣做烤魚，雲南人硬是在魚肚裡塞進大把多種香料，把草本香氣逼進魚肉裡。一樣是湯麵，雲南人一盤任你添加的香菜、薄荷、刺芫荽，湯麵不再是湯麵，成了香料交響曲。一樣是雞湯，用上香茅，便少了油膩，多了清香。一樣的牛雜湯，撒幾把薄荷、香柳下去，立刻鮮香衝腦。一樣是涼拌，捲進幾葉薄荷，涼拌遂有了層次。

這些香料，講究新鮮，摘了下來難伺候，放在冰箱裡，沒兩天就跟你抗議：請你現摘現用我，別讓我在冰箱裡憔悴了容顏。好在它們都好種，家裡時不時種一些，隨時摘用。香茅、薄荷、香柳、刺芫荽，中壢的忠貞新村和新北市中和的華新街菜市場，都有得賣。薄荷、香茅好買，花市都有，刺芫荽和香柳其實也很好種，買時挑莖節上帶點根的，扦插便活。

香菜
刺芫荽
薄荷
香柳

乾辣椒
香菜籽
酸木瓜
草果
八角
辣椒
香茅

香料炒肉

濕濕冷冷的冬天，家人若喊肚子餓，我通常會到院子裡轉一圈，隨手摘些冬天特別肥美的各式香草，加些蔥蒜辣椒，都剁碎了炒絞肉，再煎個荷包蛋鋪在白飯上，一盤熱辣鹹香，色彩繽紛的美食立刻上桌。

這道菜很容易變化，如果連絞肉都沒有，那就把材料都拌進蛋汁裡，做個香料烘蛋，也很下飯。想讓它多些綠蔬，也可以切些四季豆或高麗菜等蔬菜同炒。

這道菜還有個吃法，炒好了，用生菜包著吃，咬破生菜後爆出了香辣，熱量不高又刷嘴，是夏天討喜的料理。

| 材料

大蒜五瓣、辣椒一根、絞肉半碗。薄荷、香菜、香柳、九層塔、刺芫荽，誰多誰少都不重要，缺了哪一樣或哪幾樣也不重要，但好歹要有個三樣。反正，要有一大碗各式香料。

| 作法

以上材料除絞肉外，全部混在一起剁碎，再加入絞肉拌勻。以一大匙油將香料絞肉炒熟，加半茶匙鹽即成。簡單方便，好吃！

百變米食

說到雲南的米食，一時還不知從何說起，因為它的面貌實在太多，我沒見過中國任何一個省分，或世界任何一個地方，有這麼多種類、這麼多吃法的米食。

簡單區分，除了米飯，雲南的米食，大致可分為四類：餌塊和餌絲、米干、米線和涼粉（見卷二）。

餌塊與餌絲

餌塊，其實就是年糕。

雲南水稻栽種歷史悠久，歲末年終，家家戶戶都要挑選最好的大米，洗淨浸泡後蒸熟，放在研臼裡搗細，再搓揉成長方形、橢圓、扁圓等形狀，用作饋贈的禮物，稱為「餌饋」，時間一久，漸漸被叫作餌塊了。

餌塊色澤潔白、質地細嫩、有筋骨嚼勁兒。大多切厚片烤來吃、切薄片炒來吃、擀薄了鋪佐料捲來吃；若切細絲燙來吃，也就是餌絲了。

餌絲、餌塊是雲南人的命，早上吃碗湯餌絲或烤餌塊配豌豆做的稀豆粉當早餐，香濃飽足又便宜，到了雲南沒幾天的人，沒有不被感染的，早餐全改吃餌絲、餌塊了。一天當中，肚子餓了隨時來碗唾手可得的餌絲；晚餐後家人圍著爐火閒聊，又烤餌塊沾蘸水或醃豆腐（雲南豆腐乳），沒了餌絲、餌塊，雲南人日子真沒辦法過。

雲南以大理等地所產餌塊最為有名，是餌塊的上品。這些地方生產的餌塊，在色、香、味上獨具特色，無論煮、炒皆不黏糊，製品保質期長，便於攜帶，最受外地旅遊者喜愛。

每年冬季，年頭歲尾近時，大理民間按習俗都要做小餌塊。小餌塊用木模壓製成花卉、動物圖案，親朋好友之間相贈送，相互品嚐，這時的餌塊既是風味食品，又是手工藝品，還頗有喜慶之意。

大理餌塊食用多樣，最有特色的是新鮮現揉的「燒餌」，其加工過程是：將蒸熟、舂搗後的餌塊團放在光滑潔淨的大理石板上，用手壓揉成薄餅狀，包上白糖、核桃仁或芝麻醬、豆腐乳、油條等佐料，再放在木炭火上慢慢烘烤至表皮微黃，香糯可口，食後許久還餘香在口。

巍山耙肉餌絲

雲南巍山的耙肉餌絲做工精細，選料考究著稱，不油不膩，清淡可口，鮮美香甜，百吃不厭。

選豬後腿肉，在炭火上用猛火將外表烤焦，然後放進溫水裡浸泡一下，再將焦渣刮洗乾淨，現出金黃透白的皮色後，放入大砂鍋中，加薑、草果、火腿，先用大火滾，再用小火煨，煮到豬腿熟透但不爛，撈起放涼，在外表塗上醬油，放入熱豬油鍋裡炸至呈現紅棕色，取出放入湯鍋裡燉至軟爛，將肉撈出撕成小塊，便成耙肉紹子。

食用時，將餌絲在煮麵鍋裡燙個半分鐘，燙到熟而不爛，加上燉好的耙肉、湯汁，放上細末的蔥花、上好的醬油、大紅袍花椒製成的椒麻油，再根據個人的喜好，添加蒜汁、油辣椒等，便成正宗的巍山耙肉餌絲，湯汁乳白，濃香鮮美，令人回味。

米干和米線

米干、米線和餌絲雖然都是以細條狀或絲狀呈現的米食，口感和作法其實完全不同。餌絲前面介紹過了，是餌塊的變形，將餌塊切成細絲而成。餌絲，不論新鮮的或乾的，在台灣是買不到的，也沒有任何餐廳在賣，一般泰國餐廳用的餌絲，其實是細的泰國乾河粉，不是真正的餌絲。

米干，和河粉其實是一樣的東西，但台式和廣式河粉偏厚、偏油，甚至感覺添加了修飾澱粉般Q彈，因為純米做的東西，不可能耐煮。滇式米干厚度只有台式河粉的三分之一，且不抹油，切得細細的，燙進大骨湯或紹子湯裡，細緻爽口。台灣一般泰國餐廳或雲南餐廳賣的米干，用的是泰國進口的泰式乾河粉。新鮮的滇式米干，在連鎖餐廳阿美米干，以及中壢忠貞新村的各家小吃店都吃得到，忠貞新村的阿秀米干還可論斤買回家自己料理。

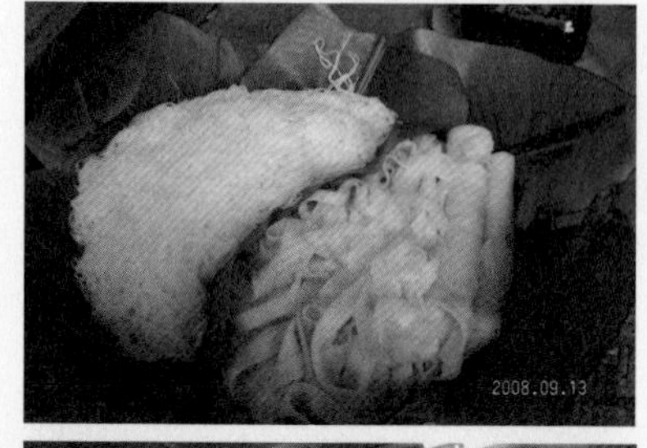

米線，其實是擺夷族傳統主食，和米干差別很大，同姓不同宗。米干或河粉用一般大米製成，而米線是用糯米做的。糯米漿蒸熟後，放入底部有一片密布小圓孔的布兜裡，將熟米漿透過圓形細孔擠入冷水中冷卻而成，因此米線是細細長長圓圓的，口感比米干更滑順，雲南山歌裡還有「什麼長，長上天？米線長，長上天。」的對詞。

米線可說是雲南人最自豪的小吃之一，種類有很多種，過橋米線、小鍋米線、涼米線、酸菜肉末米線、臭豆腐米線、豆花米線等等，隨便就能數上

五、六種。在雲南的米線有很多吃法，其中最為有名的當數過橋米線了。

在雲南吃過橋米線，視覺、味覺和過程，都是享受。一鍋表面波瀾不興，其實裡頭滾燙的雞高湯，十幾碟片得絲薄的肉鮮、河鮮、蔬菜和米線，依序下鍋涮熟即食，配料鮮嫩，米線滑順，高湯濃郁，入口層次分明，卻又如交響樂般協調。

傳說這過橋米線的由來，是清代有一秀才，為了專心K書準備進京趕考，因此撇下老婆，離家到一個小島獨居。死心眼、奉夫為天的妻子每天給丈夫做飯送飯，走過羊腸小徑，走過流水，走過小橋，送到丈夫手中，飯菜通常冷了。妻子苦思良久，終於想出妙招，用又肥又壯的老母雞熬成雞湯，裡頭煮進肉片米線蔬菜，放到罐瓦裡，因為湯上有一層老母雞的黃油覆蓋，瓦罐又能保溫，送到老公手上，都還是熱乎乎的，老公吃了十分滿意，過橋米線也因此得名。

過橋米線吃起來濃郁鮮美，營養豐富，最能體現滇菜豐盛講究的食材和細緻的飲食文化，饕客食之沒有不被征服者。

紹子米干

這道菜，主要由三部分組成：高湯、米干、紹子醬，外加配料。每人一碗，將米干或米線澆上高湯、舀上一杓紹子醬，夾上一筷子的高麗菜絲、撒上蔥花、香菜末，再依個人喜歡的酸度擠入檸檬汁，香濃滑潤的紹子米干便大功告成啦！

米干若買的是滇式新鮮已切好的米干，用滾水略燙五秒即可，燙久必爛。若用的是越式乾米線或泰式乾河粉，必須泡冷水一小時，吃前再進滾水燙煮一分鐘。若買的是台式河粉，切絲後比照米干略燙。

紹子醬可一次多做點放入冰箱保存，微波後澆在乾麵或白飯上，幾乎沒有人不被收服。

| 材料

米干兩斤（可用越式乾米線、泰式乾河粉、台式河粉或麵取代）、大番茄或小番茄一斤、蒜瓣二十粒、紅蔥頭十粒、洋蔥一顆、大紅辣椒五根（或朝天椒兩根）、細絞肉一斤、大骨或雞骨兩斤、薑一根、鹽、白胡椒粉、青蔥、香菜、高麗菜半顆、檸檬兩粒。

| 作法

1. **熬高湯**：薑去皮略拍、蒜瓣五粒，與大骨或雞骨熬煮約兩小時，最後加鹽和白胡椒粉調味。
2. **炒紹子醬**：將蒜、紅蔥頭、洋蔥、辣椒切碎，番茄切丁。起油鍋，先炒香蒜、紅蔥頭和洋蔥末，再放入絞肉和辣椒拌炒。紹子要炒得好吃，關鍵在於肉一定要炒熟、炒香之後，再放入番茄丁炒到番茄融化，最後以鹽和白胡椒粉調味。家裡若有人不吃辣，也可以省去辣椒。
3. **配料**：高麗菜切絲用滾水燙熟、青蔥和香菜切末、檸檬擠汁。

過橋米線

過橋米線由湯、各式肉片魚片蔬菜和米線、佐料三大部分組成。米線在台灣還算容易買到，除了雲南人外，泰國和越南也都吃米線。中壢的忠貞新村、中和的華新街，或任何販賣東南亞食材的雜貨店都買得到，它可能不叫米線，包裝上應該大部分寫著「rice noodles」，產地可能是泰國，也可能是越南。用一湯鍋，放入冷水及米線，邊煮邊攪動，至水滾即可取出，用冷開水洗去黏性，便可備用。

材料

處理好的米線五人份（半包乾的米線，泡開後大約就是五人份的量）、土雞一隻、雲南宣威火腿或金華火腿一百公克、草果五粒、蒜瓣十粒、半個巴掌大的老薑一塊。草魚或鯛魚薄片、火鍋牛肉及豬肉片、雞腿或雞柳肉片、豬肝片、豬腰片、未炸過的腐皮、豆芽、鵪鴿蛋、韭菜、醬油、鹽、辣油。

作法

1. **熬煮雞高湯**：將土雞切大塊汆燙去血水，火腿切厚片，草果略拍破，薑去皮略拍破，起油鍋先炒香草果、薑塊和大蒜，再放入雞塊和火腿炒到雞塊變色，加入約雞肉三倍的水熬煮四小時後，將所有材料撈出，並用濾杓過濾，讓雞湯不帶任何雜質，過濾後以醬油、鹽調味後再煮沸一次。
2. **準備入湯食材**：要進湯汆燙的食材，米線和腐皮要事先泡過並用滾水燙，韭菜切好，豆芽洗好，熟鵪鴿蛋準備好，其餘食材均盡量片得愈薄愈好。
3. **依序入湯**：食用時，用一人份小砂鍋盛湯，在爐上再滾過，讓砂鍋的溫度幫助雞湯保持熱度。如無小砂鍋，也可以用大瓷碗公，但碗必須是熱的。食材按「先生後熟」的順序，逐一放進湯裡輕涮幾下，最後放米線、蔬菜、腐皮和蛋，撒點胡椒粉，愛吃辣的人放點辣油，正宗的雲南過橋米線於焉告成。

玉米粑粑

我對玉米有很深的感情。

從小，鄰居有位擺夷老婆婆，先生姓刀，我們叫她刀大媽。夫妻倆沒孩子，特別疼我們兄弟姊妹，每年到了玉米收成的季節，刀大媽一定把第一簍收成的玉米送給我們。每次看到頭裹著布，穿著沙龍，揹著竹簍的刀大媽出現，我們就知道，好吃的來了。

一大簍的玉米，要趁新鮮吃，佣人變出許多花樣，連吃幾天玉米料理卻天天不重複，不同的吃法有不同的風味，但都不損它原來的香甜。

我們會磨漿做玉米湯、包著皮烤來吃、包著皮直立在蒸籠裡蒸來吃、辣椒炒玉米、雞蛋炒玉米、打成泥吃煎玉米粑粑，或用玉米葉包玉米泥成一艘艘小船般蒸粑粑。

到了晚上，父親房裡升起了火爐，大人們菸鋪上擺龍門陣，小孩們就圍著火爐烤玉米吃。我們烤玉米都連皮烤，也不像台灣刷上一層烤肉醬弄濁了味道，純粹就清吃。下次你試試，別把玉米的皮剝了，連皮一起烤，烤出來的玉米會滲進玉米皮的香味。

玉米在雲南，吃法多變，可以做主食，比方玉米饃饃；可以做菜，比方炒玉米、玉米湯；也可以做點心，比方玉米粑粑。

我到西雙版納，每天早上跟著當地擺夷朋友到市場吃完一碗熱辣香濃的湯米干之後，總喜歡晃到賣饃饃的阿婆那兒，買個黃黃的、透著玉米香的玉米饃饃收收口，才滿足地打道回府。

我們小時候吃的玉米，是五彩糯玉米，黏性比較強，因此做成湯或粑粑特別濃郁 Q 彈。台灣最近幾年慢慢比較容易買到糯玉米，可惜只有紫色或米色，極少見五彩繽紛。糯玉米讓我得以重溫玉米粑粑的美妙滋味，因為黃色的甜玉米，組織太水太稀鬆，是做不了玉米粑粑的。

要特別注意的是，台灣賣玉米喜歡把皮剝掉一半，但因為蒸粑粑需要用到玉米皮，一定要向小攤買沒剝皮的。

蒸、煎玉米粑粑

這道點心，您家裡若有人不愛吃，告訴我，我不相信。

煎比蒸的作法更簡單，不需要用到玉米葉，只要將和了糖的玉米泥放進薄油煎鍋裡，攤壓成圓形，煎得外酥內軟便成。煎的玉米粑粑，因為帶著焦香，和蒸的口感完全不同，滋味更勝蒸粑粑。

材料

帶皮紫玉米或白糯玉米五根、砂糖或黑糖兩大匙。

作法

1. 將玉米的粗蒂小心割除，別傷了皮的完整。小心將皮一片片剝下洗淨。皮愈寬大愈好，太裡層的皮小又薄，可捨棄不用。
2. 玉米洗淨後，將玉米粒切下，放到果汁機裡打成細泥，愈細愈好，否則玉皮粒的薄膜會影響口感。
3. 放入糖拌勻。
4. 將玉米泥包進玉米葉裡，量約為葉子的四分之一，將葉子左右往內摺，下方往上摺，包妥玉米泥，放進已預先滾了水的蒸籠裡，開大火蒸十分鐘，便成了香甜 Q 糯的玉米粑粑了。

原味玉米濃湯

| 材料

任何品種的玉米四根、鹽兩茶匙。

| 作法

1. 切出玉米粒，加點水磨成漿，用一塊紗布，將玉米漿裡的汁用力擠出，扭乾紗布，目的是讓漿裡的澱粉擠出。如果沒有紗布，乾淨的薄毛巾，或是直接用手擠壓，也都可以。
2. 擠出的玉米汁加三倍的水，用小火邊煮邊深入鍋子底部攪拌，熄火之前不可以停，否則很容易黏鍋及燒焦。煮開後以鹽調味便可上桌。

玉米濃湯小孩大人都愛喝，但市售的玉米濃湯，添加了很多人工添加物和高納、高糖，不健康也不新鮮。事實上，自己做玉米濃湯超級簡單，只要有食物調理機，甚至刨絲器、磨起司器，都可以簡單自製健康營養、比市售的要濃郁好喝的玉米濃湯。而且你會發現，真正的玉米濃湯，和你在外面買的，根本是兩種不同的食物。新鮮的玉米濃湯不必加蛋便極迷人。我小時候，非常喜歡用玉米湯泡飯，你試試，包你一試成主顧。

雲南人喝玉米濃湯就這麼點兒本事？還有一招，把它當稀豆粉。在一碗公的玉米濃湯中，加草果八角油、花椒油、芝麻油、蒜油和辣油各一茶匙，兩茶匙醬油，一匙炒香的花生，它便成了香氣四溢的帶著玉米香味的稀豆粉，拿它來泡飯、泡米干或撕碎油條拌在裡頭，都很好吃。

告訴你一個小祕密，我也常用稀豆粉的佐料放在熱豆漿裡泡飯當早餐吃，和台式鹹豆漿滋味大不同。

三丁炒玉米

我很不愛吃有胡蘿蔔丁和芶芡的台式炒玉米，黏乎乎稀里呼嚕地，所有的味道都混雜在一起。

乾香的炒玉米我最愛。我家炒玉米，有兩種口味——三丁炒玉米或蛋炒玉米。這兩道炒玉米切記不可加水，否則便失去它們的乾香滋味。

中國有兩種火腿名氣最響——金華火腿和宣威火腿，後者便是雲南的火腿，簡稱雲腿。到雲南，除了普洱、乾蕈、小粒咖啡和各式藥材之外，別忘了帶上一塊真空包裝的雲腿，或雲腿罐頭。雲腿罐頭極好用，除了打開來蒸熟之後直接當菜之外，雲南人喜歡拿它來煮雞湯、炒菜，尤其是炒玉米和豆腐。

你一定不相信，炒玉米滋味簡單卻很下飯，舀一杓玉米和白飯拌勻，玉米和飯粒的口感、香氣，有交融也有層次，而微辣或蛋香的後勁則後發先至，最後再迸出玉米粒被咬開的甜味，喔，我就愛這一味。

| 材料

雲腿丁一大匙、雞肉丁一大匙、蛋清一個、綠辣椒或青椒丁兩大匙、油兩大匙、玉米粒一碗、白胡椒粉一茶匙。

| 作法

1. 雞肉先泡進蛋清裡。起油鍋，用小火溫油將雞肉過油撈起。
2. 放入雲腿丁和辣椒丁一起炒香，再放入玉米炒至玉米粒變透明，撒上胡椒粉後拌炒幾下便可起鍋。必須注意的是，這道菜因為雲腿丁已經很鹹，不必再放鹽。

同場加映

蛋炒玉米

- 取蛋一粒、玉米兩根、鹽半茶匙、油兩大匙。
- 將蛋打勻，熱油鍋把蛋炒碎、炒香再下玉米拌炒至透明，加點鹽調味略炒幾下便可起鍋。

涼拌王國

我家沒種過田，從小就很羨慕朋友家都有農地。一年到頭，他們的地就像聚寶盆般，一下子生出黃瓜，一下子生出玉米，隔一陣子又生出這種果子、那種果子。

雲南人說「去地（ㄎㄜˊ ㄉㄧˊ）」，意思是下田。精確地說，雲南人「上」田不「下」田，因為雲南多山，田都是坡地，不像台灣大多是平地或水田。

小的時候，每次聽同學說第二天要跟家人去地，就眼巴巴地望著她，希望她邀我同行。因為通常她們一去地便是一整天，至少兩餐在田裡解決。對我來說，那就是去戶外郊遊野餐，讓我跟，我一定跟。

她們通常會帶上事先烤好的香腸、牛干巴、白飯或糯米飯、搗好的辣椒醬，以及涼拌菜。這些東西之所以會「入選」，我想是因為不需再加熱、好攜帶、好保存吧。

去地最棒的涼拌菜，是現場摘個圓圓胖胖的大黃瓜，剖成兩半，用湯匙挖掉籽，再一樣用湯匙刮成寬寬長長的薄片，拌上從家裡帶來的鹽、生椒辣、烤豆豉粉，再在田裡現採些香菜、刺芫荽或薄荷，便是一道新鮮爽口下飯的涼拌黃瓜。

說到涼拌，可能沒有一個省分的人，或甚至可以說，除了系出傣族的泰國人之外，全世界可能沒有任何一個國家、任何一個民族或任何一個地區的人民，像雲南人這樣，涼拌花樣如此之多。

可能因為天熱，又有擅用生鮮香料的少數民族，再和漢族的各式香油醬料和山水食材結合，遂變化出千變萬化的涼拌菜。

雲南人嗜吃涼拌菜，街頭巷尾，涼拌店可是能夠獨立成店的。四、五十種涼拌食材鋪排開來，那陣式可真夠嚇人。

拌些什麼呢？葷的有雞爪、雞膝蓋軟骨、鴨舌、牛皮、牛筋、豬腳筋、豬皮、雞皮、牛肉乾、牛肉絲、豬肉絲、鴨肉絲、雞肉絲、魚片、蝦子、蟹肉。

素的有腐皮、豆干、臭豆腐、素雞、韭菜、粉絲、茭白筍、粉絲、木耳、菜心、蓮藕、橄欖、山楂、酸木瓜、黃瓜、青木瓜、海帶、海帶芽、大頭菜、魚腥菜。

菇類的香菇、秀珍菇、珊瑚菇、金針菇；豆類的四季豆、長豆、豆芽、毛豆；根莖類的馬鈴薯、胡蘿蔔、白蘿蔔、茭白筍、菜心、蒟蒻（沒錯，蒟蒻是根莖類）；水果中的鳳梨、蘋果、葡萄、奇異果、百香果、柚子……。真可謂地上走的，水裡游的，天上飛的，樹上長的，沒什麼不可涼拌。

別看花樣那麼多，但萬變不離其宗，如果家裡像雲南人一樣有以下幾種「常備良料」，隨時都能變出幾道香辣爽口的涼拌菜來。

花椒油

蒜油

醋辣椒

花生

辣油
草果粉
八角草果油
芝麻油

自製雲式涼拌醬料

蒜油

將蒜剁成細末，以五倍溫油小火慢炒至金黃，裝罐隨時取用，不光是涼拌，湯麵、湯河粉裡滴幾滴蒜油，就會變得很香。

辣油

用一不鏽鋼小鍋或陶瓷碗公裝辣椒粉，另備一鍋五倍的熱油，待油燒熱至略微冒煙，將熱油倒入盛辣粉的碗裡，攪拌至辣椒飄出香味，待涼後裝罐，隨取隨用。

八角草果油

草果（中藥行可買到）四粒和八角四、五粒，將草果用刀背略拍破，與八角放入五倍熱油中，用小火炒至香。

花椒油

用五倍熱油將花椒粒小火爆香。

芝麻油

用兩倍的溫熱油，小火爆香芝麻。

醋辣椒

將生辣椒切圈，浸泡在糯米醋裡。

乾香芝麻、花生

你打開雲南人家裡的廚櫃，一定會發現兩罐乾香料：芝麻和花生。任何涼拌，拌好後上面不鋪上些乾香芝麻和花生，那就像畫龍沒點睛般。兩者作法是，將芝蔴以小火翻炒至香，待涼後放在塑膠袋裡，用刀柄搗碎，以小密封罐儲存。乾香花生則是將去皮花生炒香，涼後放在塑膠袋裡用刀柄搗成粗粒，以密封罐儲存。

花椒

將花椒用小火炒香微碾成細粉。

雲式油料涼拌醬汁

試試看，各種涼拌食材，只要用上述雲式含油料醬汁加點醬油、鹽、醋、糖、香菜涼拌，比只用麻油、醬油、鹽、味精的台式涼拌，滋味要豐富得太多太多，涼麵、涼拌河粉不妨也如法泡製，包各位吃得舔嘴咋舌。

雲式不含油的醬汁

將蒜末、辣椒末、香菜末、芹菜末、洋蔥絲、番茄片、檸檬汁、醬油或魚露、鹽、糖混合即成。這種不含油的素醬汁比較適合涼拌海鮮、蔬菜和水果。

各種滇式辣油、蒜油、醋辣椒、不同粗細辣椒粉、芝麻、花生，台灣在幾處雲南村市集也容易買到。

滇式涼麵

和四川涼麵不同，雲南涼麵少了花椒的麻，多了花生和芝蔴的香，以及黃瓜、胡蘿蔔和蛋絲、肉絲組合而成的五彩繽紛和多層次口感。

| 材料

胡蘿蔔半根、小黃瓜一根、涼麵一斤、蛋兩粒、里肌肉一片、炒香的花生粗粒兩大匙、炒香碾破的芝蔴一大匙、蒜油、辣油、八角草果油各一大匙、醋與醬油各兩大匙、鹽兩茶匙、糖一大匙、香菜五根切碎。

| 作法

1. **醬汁**：將蒜油、辣油、八角草果油、醋、醬油、鹽、糖混合，加點開水調勻。
2. **什錦絲**：蛋打散用少許油煎成薄薄的蛋皮，捲成蛋捲形狀後切成細絲。里肌肉水煮熟後切成細絲。胡蘿蔔、小黃瓜刨成細絲。
3. 盤裡鋪上涼麵，麵上鋪排蛋絲、肉絲、胡蘿蔔絲、黃瓜絲，淋上醬汁後，撒上芝蔴、花生和香菜末。

百香果涼拌大蝦

這道菜賣相極佳，味道清爽，每次端上宴客桌，無不獲得滿堂采，宴請對象即便是達官貴人，一樣體面討好。此涼拌菜可變化兩款不同的醬汁——油料醬汁和素醬汁，風味也大大不同。這道菜以百香果一一盛放，有精緻感；若直接將蝦與醬料拌在沙拉盤中，也很繽紛豪氣。

材料

八粒表皮不發皺的百香果、八或十六隻草蝦或大白蝦、糖一大匙、香菜四根切末。

油料醬汁

蒜油一湯匙、辣油一湯匙、芝麻油一湯匙、醬油兩茶匙、鹽一茶匙。

素醬汁

蒜末一茶匙、辣椒末一茶匙、小番茄五粒切片、芹菜一根切末、魚露一匙或鹽半茶匙。

作法

1. 將百香果底部薄薄地削去一層，使底部平坦可站立，再將頭部五分之一處削去，舀出果汁、果粒備用。蝦子去沙腸燙熟，去頭、去殼，留下一節殼連著尾部。
2. 將百香果粒汁、糖和醬汁（可用油料醬汁或素醬汁）拌勻後，再將涼拌百香果汁果粒舀回百香果殼裡，撒些香菜末在上面，並於每粒百香果邊緣掛一隻蝦，若每粒果實分配兩隻蝦，可將另外一隻放在百香果裡。

同場加映

百香果拌南瓜

- 百香果六粒、南瓜半顆、糖、檸檬。
- 挖出百香果汁及果粒，南瓜削皮後用刨刀刨成薄片，澆上百香果汁粒，加點糖、檸檬汁拌勻，就這麼簡單。冰鎮後可當菜、當點心，美味、美麗又健康。

菜心胡蘿蔔涼拌冬粉

這是家常菜，也是宴席菜。雲南人宴客如果沒有這道涼拌菜，會讓客人覺得膩口。如果是宴客用，通常還會將一塊瘦肉用醬油和糖醃過，煎熟或烤熟之後切成細絲鋪在冬粉上，增添豪華感。

| 材料

菜心兩根、胡蘿蔔四分之一根、炒香的花生兩大匙、芝蔴一大匙，蒜油、辣油、醬油、糖各一大匙，醋兩大匙、鹽一茶匙、香菜四根切碎。（當季若無菜心，可以換成黃瓜絲、茭白筍絲、大白菜莖絲或大頭菜）

| 作法

1. 將蒜油、辣油、醋、醬油、鹽、糖混合，調成醬汁。
2. 冬粉燙熟切段，用冷水沖洗後濾乾；菜心去皮，用滾水略燙去生後切成細絲。如果是用茭白筍、黃瓜、白菜莖或大頭菜，則直接切細絲便可；胡蘿蔔也切細絲。
3. 將冬粉鋪在盤底，再依次鋪上菜心絲、胡蘿蔔絲。
4. 淋上醬汁後，撒上略搗或拍過的花生、芝蔴和香菜末即成。

涼拌牛肚

這道菜既簡單又討好，可以用一樣是量販店買得到的滷牛腱、雞胸或雞腿肉，燙熟撕成絲取代牛肚，也可以用豆干（大小皆可）切薄片，或黃豆芽川燙後取代。

| 材料

量販店或滷肉攤買得到的滷好的牛肚一份、青蔥兩根斜切絲、香菜兩根切末、花椒粉半茶匙、辣油兩大匙、醬油和醋各一大匙、糖半匙。

| 作法

將花椒粉、辣油、醬油、醋、糖混合，調成醬汁。牛肚切薄片，青蔥切絲，香菜切末，拌入醬汁即成。

涼拌花枝

雲南不靠海，但河川湖泊密布，河鮮、湖鮮花樣繁多，大凡魚類、貝類或蝦蟹，都適合川燙之後涼拌，清爽營養又沒有負擔。

| 材料

花枝、透抽或任何魚貝蝦蟹。洋蔥半顆切絲、小番茄十顆切片、蒜末、辣椒末、芹菜末、香菜末各一大匙，魚露一大匙或鹽二茶匙、檸檬汁一大匙、糖半匙。

| 作法

將切片花枝或其他海鮮川燙冷卻，拌入所有材料即成。

涼拌海帶芽

涼拌海帶芽是所有涼拌菜當中，最省時省力的一道，熱水一泡，乾黑的海帶芽瞬間變成翠綠的海蔬，淋上醬料，五分鐘便可上桌。

| 材料

泡開後約一碗量的海帶芽、蒜油一大匙、洋蔥六分之一個切絲、醋或檸檬汁一大匙、生辣椒切末半匙、鹽一茶匙。

| 作法

所有材料拌勻即可。

雲式開胃湯

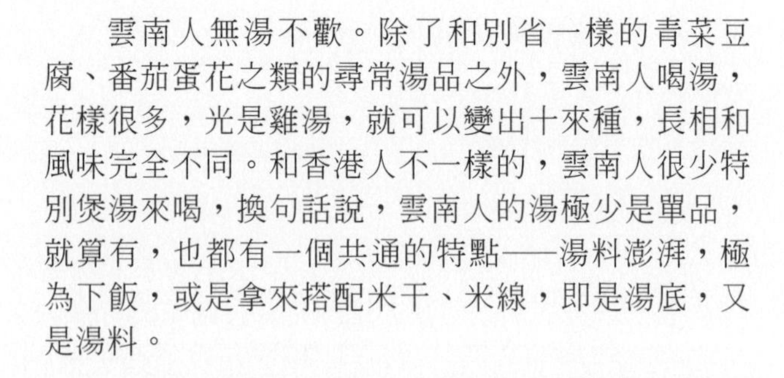

雲南人無湯不歡。除了和別省一樣的青菜豆腐、番茄蛋花之類的尋常湯品之外，雲南人喝湯，花樣很多，光是雞湯，就可以變出十來種，長相和風味完全不同。和香港人不一樣的，雲南人很少特別煲湯來喝，換句話說，雲南人的湯極少是單品，就算有，也都有一個共通的特點——湯料澎湃，極為下飯，或是拿來搭配米干、米線，即是湯底，又是湯料。

本篇介紹的這五道湯，是雲南人家非常家常的湯品，第一道牛雜湯，是雲南人走到哪都會魂牽夢縈的道地家鄉味，第二、三、四道酸筍湯和酸木瓜湯、波羅蜜湯則是少數民族的風味湯，但也因為五族共和，早就走進了漢族雲南人的廚房，成為經常出現在餐桌的美食。

雲南人將牛雜湯叫做「牛ㄆㄚㄈㄨ」，天知道是哪兩個字。什麼意思，我倒是知道的。「ㄆㄚ」，在雲南話裡是軟爛的意思，而「ㄈㄨ」，則是燉煮。這麼一說你就明白了，燉得軟爛的牛肉。

雲南人的牛雜湯非常講究，料理時至少得準備兩個大鍋，食用時添加的香料、佐料至少七、八樣。

用牛骨燉煮這麼多種牛的不同部位，照理說，這鍋牛雜湯應該濃郁厚重，但上桌後才添加的許多新鮮香料，讓這鍋湯青翠欲滴、清香撲鼻，湯汁濃郁滑潤卻不膩口，且多種新鮮香料混合後的滋味，讓牛肉牛雜極好入口，不知不覺讓人失去防備，多喝了好幾碗。喝湯吃肉還不過癮，加一杓白飯進去，既香濃又飽足。

不誇張，一旦你嚐過雲南人的牛雜湯，別的牛雜湯，管它是清燉還是紅燒，包你連正眼都懶得再瞧。有位知名媒體高層，到我家喝過一回之後叨唸至今，距離「事發」已十餘年。另一位女企業主，認識她四、五十年的朋友說，從沒聽過她主動要求到別人家吃飯。嚐過一回雲式牛雜湯之後，她逢人便提起，還像小孩子般要求再到我家吃飯，可見得這牛雜湯著實勾魂。

你問我這五道湯是屬於家常菜還是宴客菜？雲南菜就有這好處，家常歸家常，換個餐具，便上得了檯面，拿來宴客，賣相體面，滋味討好。

豆豉
熬湯、炒菜的好料

這本食譜裡，用到豆豉的菜多達五、六道，足見豆豉在雲南菜裡的地位。雲南人的豆豉，無論是濕濕的水豆豉、塊狀的乾豆豉或薄片狀的擺夷豆豉，都呈紅褐色，因為雲南人不只是將大豆（黃豆或黑豆）蒸煮後發酵用鹽醃漬，還加入薑、辣椒粉、花椒等香料。

雲南人說「一口豆豉三口飯」。以前我回家，我媽一定用大蒜、乾辣椒炒切碎了的乾豆豉給我帶回台灣，隨時餓了，舀一杓撒在白飯上，確實「一口豆豉三口飯」。

三種豆豉中，長方形塊狀的乾豆豉最好用，家裡常備些，將三分之一塊豆豉切薄片，和拍碎了的蒜瓣、切片的辣椒和番茄，用來炒任何葉菜類蔬菜，包括過貓、山蘇、大白菜、高麗菜、青江菜，顏色討好不說，風味鮮香酸甜，無肉而歡。

擺夷豆豉
擺夷豆豉粉
乾豆豉

雲式牛雜湯

這湯，香料是重點！你看材料裡，我為什麼不先說牛肉，而先說薄荷、香柳呢？原因是，這兩樣東西，最好都有，再不濟，你至少要有一樣。若都沒有，這道湯您也別做了。這是壞消息。好消息是，這兩樣東西，中壢忠貞新村和中和華新街兩處菜市場，天天都有得買。再不濟，去賣盆栽的地方或花市買盆薄荷吧。

| 材料

新鮮薄荷、香柳各一大把。兩種牛肚（百頁肚、蜂窩肚）各半個（約一斤）、牛筋和牛肋條各一斤、牛大骨四斤（若買不到牛大骨，用市售罐頭牛高湯也勉強可以）、薑手掌大小一塊、蒜瓣十粒、草果四粒、碾細的花椒粉一茶匙、新鮮辣椒三根、蔥、香菜、鹽、醬油。

| 作法

1. **第一鍋：燉煮牛肚。**煮過牛肚的湯，混濁不堪食用，且牛肚燉煮非常耗時，因此必須把牛肚和其他材料分開料理，最好是前一晚便把牛肚煮好，方便冷卻洗淨切片。用一般鍋子把牛肚燉到軟爛，至少要四小時，如果用壓力鍋，可以縮短到兩小時。牛肚軟爛的程度，必須用筷子輕戳就能夠戳穿。牛肚燉好後取出，以薄刀斜片切約 0.5 公分厚。
2. **第二鍋：燉牛大骨湯。**也至少要燉個兩、三小時，除了四分之三塊薑和四粒草果之外，不加任何調味料。燉好後將牛骨撈起丟棄。
3. 接著，先將牛筋放進牛骨湯裡燉煮約兩小時。為了節省時間，可以在牛大骨熬了約一小時後，放入牛筋與牛骨同時燉煮，再過一小時，放入牛肋條，再煮約一小時將牛骨撈起丟棄，將牛筋、牛肋切成與牛肚片一樣的大小，全放進湯裡，便可上桌。
4. **加佐料：**牛雜湯上桌之後，加入鹽、醬油；再撒上都切成末的薄荷、香柳、蔥花、薑、蒜、香菜和花椒粉，視個人口味再酌加生辣椒末或辣油。

開胃酸筍雞

同場加映

酸筍煮魚

· 酸筍煮魚是傣族的一道名菜，作法與酸荀雞一樣，但魚肉易熟爛，因此要起鍋前二十分鐘再將魚塊放進去煮。

| 材料

酸筍絲一斤、土雞半隻或土雞腿兩隻、紅蔥頭七～八粒、香茅兩根、新鮮大辣椒三根、鹽、醬油。

| 作法

1. 將雞切成三公分長寬的小塊，用熱水燙過洗淨。酸筍絲先用水略沖洗一下，將鹹味、酸味沖淡。蔥頭切碎、香茅用刀背拍破切長段、辣椒切段。
2. 將紅蔥爆香，加入酸筍、香茅、辣椒略炒後，加水並放入雞塊，水的量必須淹過食材一倍。約煮一個半小時，以鹽和醬油調味即成。

酸筍雞作法很簡單，卻很討好，擺上宴客桌，常成為喧賓奪主的狠角色。

雲南一年四季都有筍，筍子料理也多，有些你想都沒想過，比方說用炭火把筍子烤一烤，再用辣椒和炒香搗碎的米來涼拌。

雲南人保存筍，不像別的省分用油泡或曬乾，而是讓它發酵做成酸筍。酸筍實在是很棒的玩意兒，它非常好用，炒菜、煮湯，都會讓油膩的菜變得非常爽口，譬如酸筍煮豬肚、酸筍炒肉，不管什麼肉，將酸筍剁碎，用蒜末、辣椒、薑絲共炒，包你白飯一碗接一碗。

台灣最適合拿來做酸筍的是麻竹筍，產季不妨買上一大簍，做個一大罎吃上一年。中和華新街早市及中壢龍崗忠貞新村菜市場都買得到酸筍。買不到也可以自己做，作法很簡單：新鮮麻竹筍切片或切絲後，加冷開水放入密封罐內，天天換水，三、四天即成。整罐酸筍（連同漬汁）放入冰箱冷藏存留上半年一年都沒問題。用的時候，將汁倒掉，用冷水略微沖洗。

酸木瓜雞湯

材料

土雞半隻或雞腿兩隻、薑半個巴掌大一塊切片、蒜瓣五粒拍碎、草果兩粒用刀拍破、油一匙、酸木瓜八片。

作法

1. 雞切塊氽燙去血水後洗淨。
2. 起油鍋，爆香薑、蒜和草果，放入雞塊同炒，將雞肉炒至變色，加入酸木瓜及五杯水，煮至雞肉容易入口，起鍋前加點鹽調味即可。

酸木瓜雞湯肉酸香，味清純，毫無油膩之感，讓人胃口大開，通體舒坦。這酸木瓜雞，可以做乾燒，也可以做湯。但我愛吃酸酸香香的湯，單喝或泡飯，都愛極了。

酸木瓜不是木瓜，而是一種只有雲南才有的高海拔山區的薔薇科植物「皺皮木瓜」的果實，大小和芒果差不多，一般是青色，愈熟愈黃。新鮮的酸木瓜散發的果香很濃，放在室內滿室生香。

酸木瓜具有藥性，對風濕和類風濕頗有療效。雲南人把酸木瓜做成蜜餞或入菜。入菜大多與肉一同料理，新鮮的酸木瓜可以去皮切片炒肉，也可以煮湯。這酸木瓜料理，我走遍大江南北，沒見過別的地方有，我找不到它入菜的起源，也許是來自少數民族的食材，但管它的呢，總之，它就是咱們雲南人的寶。

台灣買不到新鮮的酸木瓜，但在中壢忠貞新村和中和華新街買得到曬乾的酸木瓜片，頗好用且容易保存。一個巴掌大的一小包五十元，因為極酸，用量很省，一大鍋湯只用個七、八片便已足夠。

波羅蜜湯

| 材料

嫩波羅蜜（忠貞市場和土城松鶴商店經常有售）一顆、大番茄五粒或小番茄一斤、大骨湯兩碗公、乾豆豉塊一塊、大辣椒兩根、紅蔥十粒、鹽兩茶匙、醬油一大匙。

| 作法

1. 波羅蜜去厚皮（去皮厚度以表皮不再泛青、看到白色果肉為準），切成長寬約兩公分、高三公分的小塊。
2. 豆豉塊切薄片（厚薄隨意，反正這道菜至少要煮半小時，放豆豉就是要煮化入味）、番茄切片（同豆豉片，厚薄隨意）、辣椒和紅蔥切碎。
3. 用一大匙油爆香紅蔥和辣椒末，放入豆豉片炒香，再加入番茄及鹽、醬油，炒至番茄軟爛，加入高湯和波羅蜜塊同煮至波羅蜜軟到入口即化，大約半小時至四十分鐘便可。請注意水，最後剩下的水量，必須略微蓋過波羅蜜，太多沒味道，太少則口感略乾。

什麼！波羅蜜可以煮湯？沒錯，而且，我只要做這道菜，非雲南籍的朋友，沒有一個人猜得出來是波羅蜜。這道湯，是擺夷菜。它集番茄的微酸微甜、大骨的濃郁、豆豉和紅蔥交融的香，以及波羅蜜的軟嫩，極為下飯。

也許對大部分的台灣朋友來說，波羅蜜是陌生的。但波羅蜜對雲南人來說，熟了是水果，嫩的時候是菜。可以做菜的波羅蜜，和熟了之後的波羅蜜，體積相差十倍以上。

鄰居家有棵波羅蜜，結實累累，我幾個月前便開始覬覦，假如買不到，便要開口向他要一粒。果然，那幾天都沒找到嫩波羅蜜，我擔心冒然去按不相識的鄰居門鈴太唐突，既使人家不願意，當著面也不好拒絕，我便像寄黑函似地，寫了封信投進他家，解釋一番，留下電話。第二天，鄰居來電說願意給我。到他家後我傻眼了，他已經摘好一顆大西瓜般的成熟波羅蜜。無論我怎麼解釋，鄰居都不相信我的目標是樹上最小的、文旦大小的那一顆。

順道一提：切過波羅蜜的刀沾滿黏液，用沙拉油或任何食用油塗抹在刀面上，再用紙巾擦拭即可除去。

木棉花湯

| 材料

木棉花蕊二十束、鴨血一塊、紹子醬（見31頁）兩碗、紅蔥十粒、大番茄五粒、大骨湯五大碗公、擺夷豆豉薄片三片、米線半包（五人份）、香菜一把、青蔥兩根、醬油三大匙、鹽四茶匙。

| 作法

1. 木棉花蕊前一天晚上用水泡軟，第二天入鍋前將水倒掉、洗淨。
2. 鴨血切塊後，盛在碗裡，放在自來水下，用最小的水量持續沖洗半小時。米線事先燙好，用冷水沖洗後備用。
3. 豆豉薄片用微火烤一分鐘，放涼變脆後剁細近粉末狀。
4. 大番茄切片、紅蔥切碎，與豆豉粉、木棉花一起放入大骨湯裡熬煮約一小時，放入紹子醬和調味料再煮十分鐘，最後放進鴨血煮十分鐘便可離火。
5. 將米線鋪在碗公底。澆上木棉花湯，上面鋪些紹子、鴨血、木棉花，便成了一碗濃郁可口的木棉花湯米線。如果是用米干，較易爛，用熱水燙個十秒變軟即可，不能用水煮。

波羅蜜入菜便已夠令人意外了，説到台灣三、四月常見的木棉花也可以吃，更匪夷所思。

雲南人稱木棉花叫攀枝花。四川和雲南的交界，有個城市就叫攀枝花市，是中國唯一以花命名的城市，足見木棉花在川滇人生活中的重要性。

木棉花可食用的部位是花蕊，新鮮花蕊用來涼拌或炒都可以。但雲南人大多將曬乾的花蕊用水泡一夜後拿來煮湯。木棉花蕊性涼解熱，富含菸鹼酸和纖維質。哎，管它那麼多，就好吃唄。煮軟之後的木棉花蕊帶點黏液，口感很特別。

木棉花蕊本身沒什麼味道。我們通常拿它來和紹子及鴨血同煮，用來做米線或米干的湯頭。當然你也可使用一般的麵條，或純粹作為一道湯品嚐。

戀戀草果

草果是雲南人用得最廣的香料，煮湯、涼拌、做丸子，都一定會用草果。雲南人對草果的迷戀，差點毀了一樁婚姻。一個朋友的哥哥娶了台灣太太，太太做菜，他老說：「加點草果粉嘛。」次數多了，太太氣極：「你去娶草果好了！老娘不幹了！」從此以後，草果二字成了他家的禁忌，太太誓死不用草果，但可苦了這位哥哥，要知道，沒草果，雲南人簡直沒辦法活。

草果是香料，也是藥。在雲南，草果在菜市場香料舖裡賣。在台灣，只有中藥舖有得買。

草果又稱草豆蔻，是薑科豆蔻屬的一種。它的樹很像台灣的月桃，果實也像。草果味道辛溫，和肉類是絕配。中醫書上說，草果可以解麵食、魚、肉的毒。我媽常說，草果保胃。查中醫書籍，果然說草果性溫、利脾胃、止嘔吐、化寒痰、消冷脹氣、消宿食、解酒毒。雲南人果然是用藥高手啊！

草果的運用，只需記得一點，它跟肉最搭，無論你要怎麼料理任何肉類，都可以放點草果粉，燉雞湯、煮肉絲麵、雪菜肉絲、包餛飩、包餃子、做獅子頭，都適合用。草果有些硬度，自己磨恐怕有難度，可以請中藥行幫忙磨成粉，或是到忠貞新村直接買已經磨好的粉。

真的，下次自己包餛飩或餃子，你試試看，肉餡裡什麼都別放，只放鹽和草果粉，那餛飩或餃子就特別清香。如果是紅燒，將整粒草果和薑、蒜下油鍋爆香，不必放太搶味的厚重滷包，就可以讓你的紅燒醇香可人。

雲南各地的市場，無論市中心或偏遠部落，總是有一處龐大的辛香料攤子，除了各種辣椒粉、八角，草果也是其中要角。

雞蛋草果湯麵

雞蛋草果湯麵是我們家很常拿來當消夜的吃食，快速易做、易飽又不會讓身體有太大的負擔。女兒更喜拿它來當早餐，尤其是冬天的早晨，餵她一碗雞蛋湯麵，通常能讓她雙眼含笑地上學去。

這道湯麵講究的是麵條要入味，最好煮成煨麵，也就是麵條將爛未爛，最好吃。

此湯麵味道清香調和，吃的時候撒些白胡椒粉，最是絕配。

材料

草果粉一茶匙、蛋兩粒、雞蛋麵條或普通麵條四人份、大白菜二分之一棵洗淨撕塊、鹽三茶匙、絞肉兩大匙、大蒜六瓣切碎、油兩大匙。

作法

1. 麵條先煮好備用。
2. 用一匙油起油鍋，爆香蒜之後放入肉末和草果粉，炒熟。將肉末剷起備用。
3. 再用一匙油，燒熱後將蛋打入、炒碎，加入兩碗公的水，放入調味料及肉末，湯滾後放入白菜煮到軟，最後放入麵條略煮即可上桌。

草果雞湯

這草果雞湯濃郁芳香、簡單鮮甜，要是哪家正在煮，那香味五十公尺內是藏也藏不住。雲南人又好客，假如你有天到雲南，或是到美斯樂、泰北的雲南人村落旅遊，聞到草果雞的香味，只要循香而去，一定會受邀進屋喝一碗。

對雲南人來說，喝一碗草果雞湯，味蕾和心窩，就像皺巴巴的絲綢，被熨斗燙過一樣，一片平坦。來台灣唸書，每次寒暑假回家，母親早早買下十多隻放山雞養在院子籠子裡，一天一隻，炒雞丁、炒下水、煮草果雞。等我做了媽媽，女兒回泰國，我媽照樣草果雞湯伺候，女兒最喜雞湯拌飯，直到現在。如今母親仙去，每回自己燒草果雞湯，女兒都會說：「好想念阿婆。」我看是想念阿婆的雞湯吧。

材料

土雞或放山雞一隻切小塊、草果八粒洗淨拍破、老薑半個手掌大一塊洗淨拍破、一公分厚的火腿半個手掌大一塊、鹽兩茶匙、醬油兩大匙、油一大匙。

作法

起油鍋爆香薑塊和草果，下雞肉炒至變色，放入火腿塊，加入三、四倍的水，燉煮兩小時後調味，便可上桌。

同場加映

草果雞湯煮百菇

- 煮一大鍋草果雞，喝過雞湯、吃過雞塊之後，還可變換口味。將各種菇加進湯裡稍煮再端上桌，又是一道人間極品。吸收了湯汁精華的菇蕈，異常滑潤鮮美，蕈香和雞湯融合，有說不出的美味。

草果豆腐丸子

雲南人很少紅燒，做菜講究原色，也極少稀里呼嚕把很多東西勾芡在一起。這道丸子湯也是，我看別省人做肉丸子，又是炸又是滷，有些還勾個芡。雲南人做肉丸子，肉還是肉的顏色，豆腐還是豆腐的顏色，墊在底下的白菜，別說顏色沒變，連形狀也還是原來的面貌，但滋味卻你中有我，我中有你。

| 材料

肥瘦適中的豬絞肉一碗、板豆腐半塊、鹽半茶匙、草果粉一茶匙、娃娃白菜五六棵、大骨高湯一碗。

| 作法

1. 將豬絞肉、板豆腐、鹽、草果粉混合，捏出肉丸子，大小隨意。
2. 將娃娃白菜洗淨對半切，鋪在碗公下，再將肉丸子鋪疊在白菜上方，淋下大骨湯，放進蒸籠或鍋裡隔水蒸半小時即成。
3. 肉丸子飄著草果的香，和著豆腐的嫩；墊在底下的細嫩娃娃菜，此時已經吸飽了肉丸子和大骨湯的鮮，入口即化，妙不可言。

食花譜

雲南人是出了名的愛花，隨便走進一戶人家，無論貧富，一定內外院都花團錦簇。君不見「雲南十八怪」之中，鮮花稱斤賣便是其一。此一怪，除了說明雲南如春四季皆有鮮花盛開，又有紅土地孕育出數量之多無人能及的奇花異草。

黛玉哭花葬花，感傷春去花落。雲南人更愛花，愛到乾脆吞進肚裡，每一種可食之花，都有相對應的菜餚；每一戶雲南人家的每一餐，幾乎都會有一道花料理。

雲南尋根期間，有一次我到昆明遠房表姊家裡吃飯，當天四菜一米線，就有兩道花料理——菊花過橋米線和炒石榴花，後來到昆明名店喬香園，也看到小鍋米線上漂著黃菊花瓣，好不浪漫。

雲南人吃花逾千年，幾乎貫穿整個雲南歷史發展。那塊紅土地上的近三十種民族，沒有一族不吃花。柔情似水的傣族，是其中之最。

假如你有幸受邀到傣族家裡做客，便有機會在手工精緻的竹屋裡，享受到鮮花宴席：吐著一縷幽香的海棠花和鮮艷欲滴的紅山茶花瓣煮的湯、香氣襲人的白露花涼拌水醃菜、炭燒芭蕉花和水煮南瓜花佐辣醬、木棉花蕊燉麻辣鴨血、仙人掌花蒸蛋……，五彩鮮花，滿桌春色，舉箸不知從何下手。

鶴慶馬耳山的白族更有「花食節」。每年農曆五月初五，是白族花神——娜枝的生日。當天家家戶戶全家出動，載歌載舞，採摘百花百草製作未來一年的各種常用藥，還要製作以花卉為主料的花食讓全村人共餐，祭奠花神。後人把這天稱作花食節。

花食節自然有豐盛的傳統花食。用桂花、金雀花與蜂蜜拌和為餡的花餡甜包子；用白杜鵑花和在肉餡裡的鹹包子；有金銀花、格和大棗、核桃仁、火腿丁和香米熬煮，鮮香甘甜的花粥。

昆明民族村拉祜族的「五色飯」，更是雲南人吃花的極致藝術，瞧那黃紅紫黑和白，入眼美麗，入口香糯。

在大家都被恐怖的食品添加物嚇壞的世界，頭一次看到五色糯米飯，會直覺地罵起髒話，氣憤「深山裡的少數民族也用人工色素。」但入口後便知，那清新幽淡的草本香味，不是人工香精和色素能夠冒充的，其他顏色的飯我不熟悉，但那黃色的糯米飯，是我從小吃到大的。

後來走遍雲南，我發現不僅拉祜族吃五色飯，它更是苗族和壯族的節慶吉祥象徵，舉凡孩子滿月、老人過壽、過年，主人都會以五色飯待客。

五色飯的製作，說穿了一點都不難，主要是運用雲南常見的植物──楓葉（黑藍）、黃薑或鼠麴草花（黃）、紫蕃藤（藍紫）、紅藍草（紅），將之搗爛泡糯米，隔天入蒸籠蒸熟即成。

不過，說了等於白說，五色其中的兩樣植物在台灣根本買不到，但至少可以做我最愛吃的黃飯，黃薑（薑黃粉）是可以買得到的。

賞花、種花、吃花，在大理尤其平常，每家餐館外頭擺的「戶外菜單」，少不了各式各樣想都想不到居然可以拿來當做菜餚的花。南瓜花、大樹香白花、韭菜花、石榴花、玫瑰花、茉莉花、水蓮花、樹花（一種寄生在樹上的蕈類，口感生脆清香）、木棉花、攀岩花……，問老闆這玫瑰花和茉莉花怎麼個吃法？「炒蛋、煮湯呀，香得很。」在花都昆明，有些餐館也視季節推出鮮花宴，有機會不妨一嚐。

雲南人吃的花，大半在台灣買不到，這兒就介紹四道買得到、吃得到的鮮花料理，讓咱們也沾沾仙氣。

黃飯

吃黃飯配咖哩雞，或各式辣椒醬，是我從小吃到大的食物。即使現在回到美斯樂，第二天一大早，頭件事便是衝到菜市場，買一份黃飯早餐來一解鄉愁。

黃飯有好多種作法和吃法，有用黃薑，有用黃鼠麴草花；有素的，有葷的（加肉末或豬血）；可以單吃，也可以配咖哩雞、辣椒醬或豬腳凍。

材料

黃薑粉一小匙、糯米三杯、蒜末一大匙、橄欖油兩大匙、鹽半小匙。

作法

1. 前一晚將糯米、黃薑粉泡水，隔天留下半杯水，其餘倒掉，將米和黃薑水放進飯鍋，用煮飯的模式便可將糯米煮熟。掀蓋後記得用飯杓挑鬆糯米散發多餘的水氣，讓米粒與米粒之間有空氣，糯米會更鬆軟。
2. 用橄欖油小火溫油慢慢拌炒蒜末，至蒜末微黃便可起鍋，將蒜油、鹽拌入糯米飯裡，黃飯便大功告成。要注意炒蒜務必用小火，一旦炒焦便有苦味。如果家有常備蒜油，此時一淋便成。

涼拌番茄野薑花

野薑花有鎮靜精神、穩定情緒之功效。紅色的番茄和辣椒，白色的野薑花，綠色的香菜和薄荷葉，光看，就挺享受了吧！嫌它太素嗎？那就燙幾隻蝦仁拌進去。宴客時，這道菜一上桌，必定為主人贏得激賞。

材料

野薑花序十枝、大番茄兩粒或小番茄十粒、大蒜三瓣、香菜兩根或薄荷葉幾片、檸檬、砂糖、鹽、辣椒一根。

醬汁

大蒜剁碎，與檸檬汁、砂糖、鹽調勻，酸甜鹹度依個人口味酌以增減。

作法

1 野薑花氽燙後瀝乾放涼，番茄對半切開再切片，辣椒去籽切長絲。

2 將番茄片鋪於盤底、依序鋪上野薑花、辣椒絲，淋上醬汁，撒上香菜葉或薄荷葉，即成。

同場加映

紅黃椒炒野薑花

·備野薑花序十枝、大番茄兩粒或小番茄十粒、紅椒與黃椒各五公分寬的一片、大蒜五瓣、辣椒一根、鹽半茶匙、油兩大匙、一大匙水。野薑花摘下輕柔洗淨，紅黃椒切一公分寬的長條、番茄切厚片，大蒜拍碎、辣椒切斜片。起油鍋，爆香大蒜和辣椒，下番茄、紅椒與黃椒炒軟，下野薑花和水、鹽拌炒，至野薑花軟化即可起鍋。

野薑花天婦羅

·炸野薑花天婦羅，切記不要一股腦將花朵全投入麵衣裡，因為花瓣極薄，容易沾黏。還是一朵一朵沾了再進油鍋。取野薑花序兩枝、麵粉三大匙、水兩大匙、鹽半茶匙、油兩碗。將已開的野薑花摘下花瓣、未開的花保持花苞完整，用廚房紙巾沾水將花擦乾淨。再調和水、麵粉、鹽成麵衣，起油鍋，燒至熱，關小火，用筷子耐心將花瓣沾薄麵衣下鍋油炸，一次一片，依序入鍋，炸至麵衣微泛金黃便可依序起鍋。

擺夷芭蕉花湯

這道菜，有肉有花有番茄，煮來濃郁鮮香，光這一鍋，配上白飯，就足以餵飽一桌人。在忠貞新村的早市，一攤傣族婦女的熟食攤買得到芭蕉花湯；或者鄉野山裡也有人種芭蕉，有機會不妨做看看。

芭蕉花具藥性，能化痰止咳，平肝、降血壓、通經、治痿、治反胃、治頭暈目眩，在中國和日本的多本藥典中都有記載。文學家郭沫若憶母親的散文中便曾提到，母親的暈病，需用芭蕉花來治。處理芭蕉花雖要點時間，但這新鮮的味兒絕對值得。

| 材料

大骨高湯、芭蕉花一顆、大番茄十顆、紅蔥頭十粒、大蒜瓣十片、辣椒乾十根、擺夷辣豆豉兩片。

| 作法

1. **處理芭蕉花**：芭蕉花是由一層紫紅色的花苞片，包著一排管狀花朵，如此層層疊疊組成一個大圓椎型花序，除了最裡面最嫩的兩三層花苞片帶著蕊花可以直接切塊下鍋之外，外面的各層都必須剝掉花包片，並拔掉管狀花裡面最硬的帶著黑頭的雌蕊花柱（這根花柱帶澀味，且久煮不爛，若不摘除，整鍋湯會因此毀了）。
2. 大番茄切滾刀塊；紅蔥頭和蒜瓣切碎；辣椒乾和辣豆豉片在乾鍋裡乾焙或放進烤箱以小火烤脆，放涼後切碎或搗成粉。
3. 將所有材料放進大骨湯裡煮到番茄和芭蕉花軟爛，加鹽、醬油調味便可上桌。

茉莉花冷香泡飯

材料

茉莉花、白飯。

作法

1. 新鮮茉莉極嬌嫩，摘取和食用的時機都必須講究。茉莉花只有在傍晚六點到九點開花，而它的香氣非常容易釋出，泡在水裡十分鐘，水便通體透香。因此，若講究上桌時花的形狀，最好安排在晚餐時段，先將水放在透明玻璃壺裡冰好，飯煮好放涼，上桌前半小時才將花摘下泡入冰水裡，連同玻璃壺一起上桌，讓客人自己取用，泡飯前先用小杯啜飲花水，必得眾人連聲驚歎。
2. 如僅是家人享用，可以用上述方法，或前一晚用冷泡茶的作法，將茉莉花泡進冷開水裡，再放入冰箱讓它釋放香氣並保鮮。食用時將茉莉花水倒進煮好放涼的白飯裡，上頭擺上幾朵茉莉。

茉莉花冷香泡飯是泰國皇室夏天必吃的御膳，清澈的湯水裡沉著潔白晶瑩的飯粒，幾朵茉莉漂浮其上，配上幾碟涼拌小菜，清涼沁香。這道最適合在酷夏裡享用的吃食，是十九世紀泰王拉瑪五世生前最愛的佳餚。每年始於潑水節的三至五月間，拉瑪五世都會讓御膳廚為他準備這道菜。因為茉莉花冷香泡飯，泰國後來甚至研發出聞名世界的茉莉香米。

回到雲南，看到邀請我作客的擺夷友人，為暑熱胃口不佳的九十歲老爺爺準備茉莉花冷香泡飯，我才恍然大悟，這道吃食想必已有數百年歷史，才會是泰國人和擺夷人共同的記憶。在雲南，菜市場裡就可以買到新鮮的食用茉莉花，因為這花在雲南用途極廣，可泡茶、泡飯、做餅、炒蛋，只不知，吃進肚子裡，會不會讓身體散發香氣。

在台灣，彰化的花壇鄉是茉莉的故鄉。每年的五到十月，是茉莉採收的季節，為了行銷茉莉，花壇鄉農會興建了花壇茉莉夢想館。茉莉季剛好是暑熱時節，不妨走一趟台灣花卉的故鄉彰化，賞花、採花、吃花。如果買不到新鮮的食用茉莉花，也可改用香片茶包，或到茶行買乾的茉莉。

醃菜大觀

攤開全世界的蔬菜醃漬地圖——台灣的酸菜、梅干菜；四川、韓國的泡菜。歐洲人的醃黃瓜、醃蘆筍、油漬番茄、橄欖、甜椒……，都比不上雲南的醃菜繁複多樣。

雲南人的鹹菜，統稱醃菜，大致有用長年菜或小苦菜（小芥菜）做的「辣醃菜」或「水醃菜」；加花椰菜、木耳、胡蘿蔔醃漬的「八寶醃菜」；用蕎頭做的「醃蕎頭」；用豆腐做的「醃豆腐」（豆腐乳）；用白蘿蔔做的「醃蘿蔔干」、用大葉韭的鬚根做的「醃苤菜根」，以及用黃豆做的「醃辣豆豉」。

因為冬季新鮮蔬菜產量多品質又好，為了讓漫長的夏天有蔬菜吃，每個雲南人家裡，每年冬春季節，都會自製大量鹹菜。這時，家家戶戶院子裡都掛滿了鐵絲，鐵絲上曬的有蘿蔔、年菜、小苦菜、苤菜根，屋頂竹篾上則曬豆腐。

將這些主食材晾到七分乾後，切段，撒上粗鹽、糖、辣椒、花椒、生薑、草果、小茴香和些許米酒，這些佐料既可發酵、抑菌、防腐，又增添了各種香味。最後封入陶罐，靜置一至三個月便可食用。

在雲南村的傳統市場裡，偶爾可以看到曬青菜蘿蔔的畫面，每每令我駐足。美斯樂的家，隔壁阿嫂便是自製醃菜販賣，我家的停車場邊，被她掛了鐵絲曬青菜，倒也是一幅風景。我喜歡在她坐著小矮板凳拌醃菜時，坐在她旁邊，幫她嚐味道，聽她聊記憶裡的美斯樂舊人舊事，聽她感嘆我沒我媽漂亮。

我很喜歡看老人家在每年冬天蘿蔔盛產時，將蘿蔔切成人字形，晾在鐵絲上曬蘿蔔的風景。醃蘿蔔的製作方法和辣醃菜一樣，但應用就沒有像辣醃菜這麼多樣，頂多就是當小菜單吃，或剁碎煎菜脯蛋。

雲南人出外，最難適應便是飲食。當飯菜不合口味，雲南人常會說：「早知道，帶點醃菜豆腐（豆腐乳）來就好了。」對雲南人來說，家鄉的味道，就屬鹹菜最具代表性。

雲南人家裡頭，無不長年備有各式鹹菜，或早餐每樣一小碟配清粥吃，或用各式鹹菜當基底，二十分鐘變出一桌菜來。以辣醃菜為例，味道酸甜，開胃佐飯，既是平日一道菜餚，又是常用的當家調味佳品，不論是涼拌、爆炒，還是蒸煮、煨燒，都別有風味。

在此特別介紹一下「蕎頭」，它是一種類似蔥莖基部的鱗莖，指頭大小，白色。醃好之後呈現討喜的辣椒紅，顏色和韓國泡菜很像。應用上和辣醃菜差不多，除了單吃當小菜之外，也可以用來剁碎炒肉或炒蛋。自己醃蕎頭也麻煩得很，還好，它和醃菜一樣，不難買到。

醫師總勸人少吃醃漬品，但沒醃菜，雲南人簡直活不下去，這麼多年來，我也很少聽到身邊的同鄉有人罹患醫生警告的那些疾病，反倒是有對世伯夫婦，極為節省，三餐都是一碗白飯配三小碟醃菜，老夫婦倆九十幾歲了，身體還健朗得很，這可能是因為雲南醃菜是自然發酵，沒有添加硝之類的化學品。

雲南的醃菜，製作繁複耗時，且很難少量製作。說實在的，我只看過大人做，自己從沒親手做過，只會用、會吃。再說，知道上哪兒買，也就夠了。

台灣也有不少地方有得賣。新北市中和華新街的南洋觀光市場、中壢龍崗忠貞新村的每一家餐廳及菜市場裡的攤子，或多或少都有賣上幾種。此外，非連鎖式的泰國餐廳裡，大多也有賣個一、兩種。龍崗還有幾家雲南媽媽自製鹹菜批發零售，沒有店面，但洽購方式，網路上都查得到。

台灣和雲南一樣，冬天的芥菜和蘿蔔大又甜，自製醃菜一樣也是冬天最宜。

醃豆腐
醃蘿蔔
醃蕎頭
酸筍
辣醃菜

水醃菜食譜

水醃菜和辣醃菜最大的不同，在於辣醃菜要醃個個把月，而水醃菜在夏天只需一週，冬天十天即成，且簡單易製，用途不少，因為是用米湯發酵，頗為爽口解膩，而且可以分解肉類蛋白，有益健康。

醃

涼拌水醃菜

水醃菜最簡單的吃法，便是單獨涼拌。將水醃菜切碎，放點剁碎的蒜、生辣椒、香菜末和鹽，便成爽口的涼拌水醃菜。如果家裡有乾辣椒，將兩、三條乾辣椒放烤箱裡用微火烤香，或在瓦斯爐上用乾鍋烤，放涼後它就會變脆，切碎後取代生辣椒末，會讓水醃菜呈現另一番風味。

另外，如果買得到刺芫荽及新鮮薄荷葉，切碎加入，又是一番不同的滋味。接下來的幾道菜，同樣可做這些變化。

醃

自製水醃菜

| 材料

米半杯、小芥菜或芥菜兩斤、鹽兩大匙。

| 作法

1. 將青菜切碎拌揉，把草澀味揉出之後，以冷開水將草澀青汁沖洗掉，瀝乾水分，用鹽略拌揉後，放進玻璃罐或陶罐裡。
2. 用五杯水煮半杯米成稀飯，煮好後放涼至大約攝氏三十度，手撫不致燙手，但還有溫熱度時，倒出米湯水（不要飯粒），灌進青菜罐裡，米湯高度必須淹過青菜，否則發酵會不平均。將罐子密封，置於乾燥處，靜待它發酵，待青菜從綠色變成微黃略透明，便表示它已經熟成，可以食用了。因為是發酵品，放在冰箱冷藏，可以保存一個月左右。

水醃菜涼拌米線

| 材料

乾米線五分之一包、水醃菜一碗切碎。

| 佐料

鹽一茶匙、醬油一茶匙、香菜末半湯匙、擺夷豆豉半塊烤過切碎、乾辣椒烤過切碎或生辣椒末一茶匙、辣椒油半茶匙、薑汁一茶匙、蒜水一茶匙。

| 作法

1. 燒一鍋水，水還溫溫時便放入米線燙煮，待水滾後就差不多了，可挑起一根米線用手捏或用筷子挾，可輕易弄斷表示已經熟了。再用冷開水沖洗米線洗掉黏性，濾乾。
2. 拌入水醃菜及佐料便完成。

水醃菜拌黃瓜

| 材料

小黃瓜四根或大黃瓜一根、水醃菜一碗切碎、小番茄五粒切片。

| 作法

小黃瓜切薄片（或大黃瓜去皮去籽切薄片）。再拌入水醃菜、小番茄及佐料即成。

| 佐料

鹽半茶匙、醬油二茶匙、香菜末半湯匙、大蒜三瓣切碎、擺夷豆豉半塊烤過切碎、乾辣椒烤過切碎或生辣椒末一茶匙、新鮮薄荷葉數片切碎。

水醃菜拌水煮肉片

| 材料

火鍋肉片一小盒（豬牛羊肉皆可）或五花肉切薄片、水醃菜一碗切碎。

| 作法

將肉片燙熟，拌入水醃菜及佐料即可。

| 佐料

鹽半茶匙、醬油一茶匙、炒香的芝麻或花生一湯匙、香菜末半湯匙、蒜油半湯匙、草果油一茶匙、花椒油半茶匙、八角油一茶匙、辣椒油一茶匙。

水醃菜拌蒟蒻

這是蒟蒻的原色，用魔芋的塊莖做成，與水醃菜涼拌，煞是好滋味。

蒟蒻是近十幾年才從日本引進台灣的食材，但在雲南和泰國、緬甸，蒟蒻是老祖宗時代就有的東西。從小，蒟蒻就是我家餐桌經常出現的菜色，尤其是當父親的一位曼谷老友何伯伯來家裡小住的時候，那更是每天必須為他準備的菜，因為他有高血壓、高血糖。

後來查蒟蒻的相關研究，才知道這貌不起眼，價格低廉的蒟蒻還真是好東西，幾乎零熱量，而且富含膳食纖維葡甘露聚醣，可吸收膽固醇而有降低血壓的功效，難怪何伯伯視之為聖品。

在我泰國的家附近的菜市場，每天都有兩、三攤賣早上現做的蒟蒻。記憶裡，蒟蒻只有一種顏色──土黃色。我們叫蒟蒻「魔芋」，因為它是一種芋類，在雲南和泰緬邊境有點高度的小山裡到處都是， 似乎也沒人種，到山裡挖來它長得大大的、像小南瓜般大小的塊莖，就可以做蒟蒻。我看過一位賣蒟蒻的阿姨做，她將蒟蒻磨成漿，用布濾掉殘渣擠出汁液，再加水將汁液煮熟凝固，便是蒟蒻塊了。

當地的蒟蒻塊裡頭加了點鹽和小辣椒，一口咬下，除了一點點鹹味和辣味之外，還帶著蒟蒻的清香，口感有點粗糙，不像日式蒟蒻那麼滑順。

至今回泰國，我還會到菜市場買蒟蒻當零嘴吃，零熱量又有飽足感，減肥聖品啊！泰國天氣熱，中午時分食不下嚥，這時來盤水醃菜涼拌蒟蒻，既是主食又是菜，鹹酸香辣，開胃解熱。

| 材料

袋裝塊狀蒟蒻或蒟蒻絲一包、水醃菜一碗切碎。

| 佐料

鹽半茶匙、醬油一茶匙、香菜末半湯匙、擺夷豆豉半塊烤過切碎、乾辣椒烤過切碎或生辣椒末一茶匙、辣椒油半茶匙、薑汁一茶匙、蒜水一茶匙。

| 作法

蒟蒻切薄片（或直接用蒟蒻絲）。因為蒟蒻不容易入味，因此切得愈薄愈好，最好薄得像紙。再將蒟蒻片拌入水醃菜及佐料即可。

水醃菜炒肉

這道最下飯！水醃菜炒肉，或醃菜炒肉，可說是「餵」遍天下無敵手。這是我做過的雲南菜裡，最能打破種族界線，且老少通吃的一道菜。

泰國友人的女兒在曼谷唸國際學校，每週末返家，問她要帶什麼回宿舍，十之八九，她會說：「醃菜炒肉。」宿舍室友有泰國人、俄羅斯人、韓國人、歐洲人，每次帶一大盒醃菜炒肉回宿舍，室友便蜂擁而至，就著一碗白飯，狂風掃落葉般，迅速掃光。

| 材料

絞肉一碗、水醃菜一碗切碎、乾辣椒三粒、大蒜瓣四粒切片、小番茄五粒或大番茄一粒切片、鹽半茶匙、醬油一茶匙、糖半茶匙、油兩大匙。

| 作法

1. 起油鍋，下蒜片爆香後，下乾辣椒炒香。
2. 放入肉末，趁蒜香和鍋裡只有油沒有水分之際，將肉炒香。
3. 肉末變色炒熟後，放入水醃菜、番茄及所有調味料同炒。待番茄軟化，便可起鍋。

水醃菜炒洋芋泥

醃

水醃菜炒洋芋泥既開胃又有飽足感。記得小時候，這是我家餐桌上很受歡迎的一道菜，小孩子常一大杓往白飯上澆，和著飯一口一口，酸香滑順。大人喜歡在一盤水醃菜炒洋芋泥上，以盤子中線為界，在這半邊杓上一小匙辣油拌勻，大人吃辣的那一半，小孩吃不辣的那一半。長大以後，我便不吃不辣的那一半了，拌上辣油的芋泥，更加下飯。

| 材料

洋芋兩粒、水醃菜一碗切碎、大蒜四瓣切碎或切薄片、鹽半茶匙、醬油半茶匙、兩大匙油。

| 作法

1. 洋芋蒸熟或煮熟後，碾碎。如有研臼，用研臼搗成泥；或切片後放入塑膠袋，用刀背或擀麵棍壓成泥。
2. 起油鍋，放入大蒜，炒熟即可，不要爆香。放入水醃菜略炒，再放入洋芋泥、鹽、醬油拌炒至洋芋泥冒泡泡，就表示都熟透了。起鍋後，若喜歡吃辣，便澆上一茶匙辣油。

辣醃菜食譜

辣醃菜簡稱醃菜，是最常入菜的雲南醃菜，用途極廣。除了單獨當小菜吃，醃菜可以煮湯、炒菜、做餅、燉肉。別的雲南鹹菜你可以不買，醃菜你不能不買。買一罐常備著，你會發現，它有多麼討喜。

醃菜炒肉

先來介紹這道老少咸宜的醃菜料理。它的好處是，只要手邊有醃菜，很容易做又下飯！想不到要做什麼菜應付一家老小，或時間緊迫需要應急，來道醃菜炒肉就對了。

要注意的是，和水醃菜炒肉不同，醃菜炒肉不用再放鹽，因為醃菜鹹度已經很足，且經香辛料醃製，本身已經很夠味，調味料什麼都不必再加。

材料

粗絞肉一碗（豬牛雞皆可）、醃菜半碗剁碎（用水醃菜炒，需要一碗，而辣醃菜味重，只需半碗）、大蒜四瓣切片、油兩大匙、醬油兩茶匙。

作法

起油鍋爆香大蒜，放入肉末炒熟，放入醃菜與醬油，拌炒至略出水即可起鍋。

同場加映

醃菜炒蛋

- 和醃菜炒肉作法一樣。想吃得清淡些或吃素的朋友，可以將肉換成蛋。
- 準備醃菜半碗、蛋三粒、大蒜四瓣、油兩大匙。
- 起油鍋爆香大蒜。將蛋打入炒碎，蛋熟後，加入醃菜同炒半分鐘便可起鍋。

醃菜炒豆芽

- 比起炒肉、炒蛋，醃菜炒豆芽又更加爽脆，模樣也討喜。
- 備好醃菜半碗剁碎；豆芽一包，去頭去尾，只取銀芽部位；大蒜四瓣切片、油一匙。
- 起油鍋爆香大蒜，下醃菜炒熟後再下銀芽，略微拌炒便可起鍋。銀芽別炒到軟，要讓它還保有鮮脆，如此樣子好看，口感也好。

醃菜扣肉

材料

醃菜一碗剁碎、五花肉一塊、薑兩根手指長寬一塊、草果粉一茶匙、八角兩粒、醬油兩大湯匙、糖兩茶匙、鹽一茶匙。

作法

1. 五花肉先蒸熟，再以一湯匙醬油、一茶匙鹽、一茶匙糖和草果粉、八角，以及薑末，醃一小時之後，下油鍋炸至醬色，再切薄片，一片片順著碗形，疊放在碗公底層。
2. 醃肉的佐料不要丟棄，用它來炒醃菜，炒好的醃菜置於肉片中間，醃菜的量必須與肉片同高，抹平後放進蒸籠蒸至五花肉軟爛，取出倒扣在瓷盤裡，即成色香味俱全的醃菜扣肉。

同場加映

醃菜扣肉洋芋

- 作法與醃菜扣肉大致一樣，但加了洋芋，可以吃到不同的口感，吸飽肉香和醃菜酸甜的洋芋，妙不可言。
- 作法大致與醃菜扣肉一樣，只要將洋芋切成與肉片一樣大小，排列時，一片肉，一片洋芋，蒸好倒出來時，視覺與口感比醃菜扣肉又更加豐富。

雲南菜裡少有大菜，這道醃菜扣肉，正是宴席裡必備的大菜，製作費時費工，但極為美味。比起梅干扣肉，酸酸甜甜的滇式醃菜扣肉討好多了。

而且我看台灣做扣肉，是直接把梅干菜鋪在盤底，上邊鋪炸過的五花肉，上蒸籠蒸熟後，直接上桌。但雲南人似乎更講究些，鋪料的程序完全是倒過來的，先在圓圓的碗公裡擺上肉，再填醃菜末。蒸好之後，取出碗公，倒扣在盤子上，扣出來是碗公圓圓的形狀，美觀多了。我不知道為什麼扣肉叫扣肉，說不定就是因為蒸好必須倒扣。再者，肉片因為鋪在碗底，醃菜的汁液往下浸潤，肉片吸飽了那酸酸甜甜的醃菜汁，正是雲南扣肉吃來不油不膩爽口下飯的原因。

雲南省委書記有一次帶了大隊人馬到台灣訪問，造訪中壢龍崗的忠貞新村時，主人擺出兩、三百人的長街宴，桌上就有這道醃菜扣肉。我看到這道菜一上桌，立馬有好幾隻手伸向它，不禁啞然失笑。

醃菜麵疙瘩

| 材料

麵粉一大碗、大骨高湯八碗、醃菜半碗、豆苗適量（或小白菜十棵或大白菜二分之一棵）、鹽兩茶匙，蒜油、辣油、醬油各一大匙。

| 作法

1. **先和麵：**麵粉加少許水揉成麵糰，多揉幾下，讓麵糰有筋度。再將麵糰靜置二十分鐘醒麵。
2. 大骨湯熬至香濃，改用中火，就著沸騰的大骨湯，用大拇指和食指將麵糰捏撕成厚度 0.2 公分，長寬各兩公分的薄麵疙瘩，入湯裡煮，並不時攪動，以免入鍋有先後的麵疙瘩，愈生的愈堆在最上層。
3. 揪完麵片入鍋之後，將切段的小白菜或撕成片的大白菜放入同煮，以鹽和醬油調味。觀察麵疙瘩的顏色都變得略帶透明時，便表示都熟了，可熄火。
4. 每一碗麵疙瘩上放一大匙剁碎的辣醃菜，淋半匙蒜油和一小匙辣油，即成鮮香略帶酸甜的滇式麵疙瘩。如果家人喜歡吃肉，可以加肉絲同煮，或用帶多一些肉的骨頭熬湯，吃之前將骨頭取出，剝出骨邊肉置於麵上，通常會讓肉食者龍心大悅。

很多省分的人也吃麵疙瘩，但大多用高湯、肉絲、蔬菜、香菇，甚至蝦米來料理。雲南人的麵疙瘩，口感特別討喜，正是因為這一味醃菜。

我家吃麵疙瘩，常有小伴自動出現。因為麵疙瘩製作有些費事，朋友家經常偷懶，用麵糊取代辛苦的揉麵、醒麵，速度雖快，但煮出來的麵疙瘩沒有嚼勁。我家這麼做，會被老太爺唸到耳朵長繭。他一定要家人使勁揉麵，或揪成麵片，或擀成麵皮再切成一公分寬的長麵條。「這才有筋骨啊！」老太爺云。

臨上桌，還必須加進一大盆的豌豆苗稍煮。鮮嫩翠綠的豌豆苗，襯著 Q 彈的麵疙瘩，上頭再加一大匙剁碎的醃菜、一匙香噴噴的蒜油，愛吃辣的人再補一杓油辣椒，一湯匙舀起的麵疙瘩，夾帶著濃稠的大骨麵湯……，直到現在，家人聚在一起，這道麵疙瘩都還是打遍天下無敵手。這麵疙瘩還有一迷人之處，它的湯底必得用大骨熬煮。要揪進麵片之前，將大骨撈出放涼，剝下骨邊肉，再放回鍋裡，大骨便功成身退了。那骨邊肉又軟嫩又香，配上 QQ 的麵疙瘩和鮮嫩的豆苗，口感很有層次。

醃豆腐食譜

醃豆腐的料理不多，雲南的醃豆腐有濃濃的花椒等香料味和薑味。我最喜歡將雲南的醃豆腐化開在稀飯裡吃，它的醃料裡有醃著入味的薑絲，發了酵的豆腐乳，透著一股花椒香和酒香，口感辛香綿密。

醃豆腐蒸蛋

醃豆腐蒸蛋多了一些辛香味，呈現出和一般茶碗蒸截然不同的滋味。

| 材料

蛋兩粒、醃豆腐半塊。

| 作法

將醃豆腐壓細，化在半碗水裡；打入蛋，將蛋液打細，放入蒸鍋裡蒸十分鐘即成。

醃豆腐火鍋醬

雲南人吃火鍋，會做兩種沾醬，一油一素。油指的是用醋油、醬油，加上雲南人廚房裡一定常備的蒜油、辣油、花椒油、芝麻油。素的便是腐乳醬。腐乳醬特別適合沾蔬菜和肉片，裹上濃稠的腐乳醬汁，辛香加上芝麻香，讓簡單燙熟的火鍋食材瞬間生色。

| 材料

新鮮辣椒一根（不喜吃辣者可省略）、冷開水一杯、醃豆腐兩塊、炒香的芝麻一大匙、大蒜四瓣、香菜四根、糖一大匙、鹽一茶匙、醬油或魚露兩茶匙。

| 作法

將這些材料用果汁機打碎，或用任何方法剁碎、碾碎，便成腐乳火鍋醬。

醃豆腐炒空心菜

腐乳空心菜雖是外來菜，但台灣很多餐廳都有這道菜。雲南人也用豆腐乳炒空心菜，這滇式醃豆腐多了薑、酒、八角、花椒、辣料等香辛料，吃起來層次豐富得多。

| 材料

醃豆腐一塊壓細化進一匙水裡、空心菜一把洗淨切段、大蒜四瓣切片或切碎、乾辣椒四根或新鮮辣椒一根斜切厚片、油兩大匙。

| 作法

起油鍋爆香大蒜和辣椒，放入空心菜、淋上腐乳汁，同炒至空心菜變軟便可起鍋。

腐乳醃菜豆花米線

醃菜料理臨去秋波，最後來道夏天聖品——豆花米線。這豆花米線，是剩菜發展出來的美食。據我爸說，昆明有個人家，有天家中老人肚子餓了，發現廚房裡只剩下豆花、米線各半碗，老人把兩者合在一塊，加些雲南人家中的常備良料和醃菜豆腐拌一拌，不料異常好吃。

其實可想可知，豆花被調味料拌開之後，就變成米線濃濃的湯頭，挾一筷米線，夾帶上來鹹香濃稠的豆花，還能不好吃嗎？時至今日，老人家的陽春豆花米線經過改良，調味更加精緻，也上了檯面當知名滇味囉。

材料

豆花米線有葷、素兩種。

素豆花米線材料：甜醬油一大匙（關鍵調味料！一般賣南洋雜貨的地方都有得賣，如果沒有就用醬油加點糖或蜂蜜湊合）、辣油二茶匙、芝麻醬兩茶匙、炒香的花生和芝麻各兩茶匙碾碎、醃豆腐半塊、醋一大匙、糖一茶匙、嫩豆腐半盒或豆花半碗、韭菜三根或蔥花一大匙、泡好的米線半碗、醃菜一大匙切碎。

葷豆花米線材料：將醃豆腐置換成雲南紹子（見 31 頁），或台式炸醬、肉燥。

作法

1. 將米線煮熟，用冷水沖洗半分鐘，瀝乾水分備用。
2. 韭菜燙熟（生吃亦可）、切段。
3. 用四分之一杯水調芝麻醬和腐乳汁，再加醋、糖和甜醬油，調出醬汁。
4. 米線鋪於碗底，豆花或豆腐放在上方，將醬汁澆在豆花上，鋪上韭菜或蔥花一大匙、醃菜、花生、芝麻，就可上桌囉！

經典炸物

我愛油炸！

到雲南，你首先會注意到，大街小巷都是炸土豆兒（馬鈴薯）。餓了，饞了，就來份現點現炸的土豆吧。新鮮馬鈴薯切成厚片，放到油鍋裡炸，要酥要軟，跟老闆交代一聲。

炸好了，放進小盆裡，淋上薑汁、蒜汁、腐乳汁、花椒、鹽、辣椒粉，拌一拌，最後撒上香菜，配上一杯鮮搾果汁，怎麼樣？是不是比老外的炸薯條沾番茄醬強多了？

雲南人吃油炸物，無論太陽月亮，無論是不是正餐時間，都可以來上一份。炸豆腐、炸糯米粑粑、炸蓮藕、炸菇蕈、炸乳扇……。其中炸豆腐最得我心，尤其是炸爆漿豆腐。

在台灣，年輕人晚上最喜歡買份鹽酥雞。在雲南，年輕人則最喜歡圍在燒烤攤旁，吹吹牛、沖沖殼子（均指聊天）、喝喝雲南產的本地啤酒，配上吃烤豆腐或炸豆腐。

夾起一塊外皮炸得鼓鼓的爆漿豆腐，咬破香酥的外皮，軟嫩的豆腐便迸裂出來，豆香頓時充滿整個口腔，再蘸些老闆自製的各種蘸料，尋常百姓的吃食也讓人覺得天堂般幸福。

雲南菜裡幾道經典的炸物，我在別的菜系裡從沒見過，比方乳扇、豌豆片和糯米粑粑，可能是因為這三樣食材，別的地方根本沒有。炸焦肝和酥肉，也很有特色，而且容易做，無論宴客或當家常菜，都很討好。

雲南菜就是有個特色，不講究精巧繁複，講究新鮮天然。如此一來，沒有經過太多工序製作而成的食材，也不利保存，自然也就難以運送到太遠的地方。所幸這幾道菜的食材，台灣也都還買得到，值得一嚐。

油炸被指責為健康殺手，偏偏油炸就是這麼好吃。而這幾道炸物，正好是吃了不會讓人有罪惡感的好物。

炸豌豆片與糯米粑粑

豌豆片很簡單，就是豌豆粉切片曬乾。中壢的忠貞新村菜市場裡買得到乾貨。

炸豌豆片的作法也很簡單，將豌豆片放到油鍋裡炸酥就是，但滋味可不簡單，因為是純豌豆製作，入口有濃濃的豌豆香，而且營養好吃。

糯米粑粑是用蒸熟的紫糯米或白糯米，放到大研臼裡搗細，再拌入一種小小圓圓黑黑香香，叫做「蘇子」的香料，揉成一塊塊圓餅狀即成。後來我才知道，蘇子是紫蘇的果實，壓碎之後有香氣。

這糯米粑粑，也都買得到，就別想自個做了吧，麻煩得很。

雲南人吃粑粑除了炸之外，主要是用炭火烤了之後沾蘸水吃。所謂蘸水，記得之前說的「常備良料」嗎（見46頁）？用辣油、蒜油、芝蔴或花生、醋、醬油、糖、香菜末混合，就是一碗能夠讓味道平淡的食材變好吃的武器，舉凡白斬雞、蒜泥白肉、烤餌塊，都可以靠這碗萬能蘸水，變成美味。

炸糯米粑粑有鹹甜兩種吃法，將粑粑切成寬兩公分的長條，炸到表面膨脹即可，外皮酥香、裡層軟糯。撒上砂糖，是吃甜的；沾蘸水吃，是吃鹹的。

茴香洋芋丸子

這道炸洋芋丸子，我在別的地方也沒見過。我記得小時候，每回這道香氣四溢的菜色上桌，我家兄弟姊妹一雙雙小手第一件事便是伸向它，孰不知，愛往廚房裡鑽的我，早就已經先嚐為快了。

西方人罵懶惰蟲叫「沙發馬鈴薯」，中國人叫馬鈴薯為「洋」芋，顯見這不是中國原生的植物，但雲南人叫馬鈴薯做「土豆」，所以你說，這玩意兒是洋人的還是中國人的？西方人把它當主食，但洋芋在雲南人的餐桌上是菜，而且深入每個家庭，吃法多變又普遍，我真的不相信，它是洋玩意兒。

在我家餐桌上，洋芋也常變著花樣出現，一會兒湯，一會兒泥，一會兒炒，一會兒炸。同場加映的這幾道，是我在別的地方比較少看到的料理方式，無獨有偶，這幾樣伴我成長的料理，我到雲南尋根，都又吃到了，顯然洋芋儘管可能是外來種，但已經換上了雲南的衣裳。

炸

| 材料

茴香一把、洋芋三個、蛋兩粒、草果粉一茶匙、鹽。

| 作法

1. 洋芋蒸或煮熟，去皮，搗成泥。
2. 加入切碎的茴香、蛋、草果粉和兩茶匙鹽拌勻，捏成一個個圓形丸子，下油鍋炸至金黃。

同場加映

醋溜洋芋

· 將洋芋切薄片，油鍋小火下乾辣椒炒香後，放洋芋片同炒至熟，由於洋芋本身有黏稠性，加點水之後會像勾過芡。最後以醋及醬油、鹽調味，即成。

珠蔥洋芋

· 洋芋切小塊，下油鍋炒至熟，放入切碎的珠蔥，炒香，以鹽調味即成。

酥肝

| 材料

豬肝手掌般大小一片、鹽一茶匙、醬油一大匙、草果粉一茶匙、花椒粉半茶匙、胡椒粉一茶匙、雞蛋兩粒、麵粉一碗、水半碗、青蔥兩根、乾辣椒五、六根、油三大碗。

| 作法

1. 豬肝洗淨切薄片，加入鹽、草果粉、花椒粉、胡椒粉和醬油拌勻，醃半小時入味。麵粉、水和雞蛋攪拌均勻，將醃好的肝片倒入拌勻。
2. 燒熱三大碗油至輕微冒煙，將豬肝一片片放入油鍋去炸，炸到顏色變褐就可起鍋。
3. 盛入盤中，再以炸過的青翠蔥段、乾辣椒點綴，撒上胡椒粉，即可上桌。

雲南人似乎特別喜歡吃內臟，豬雜湯、牛雜湯是招牌，豬小腸和豬肝風乾後炸香下酒，豬肚、牛肚滷後涼拌，雞雜、豬雜用草本香料爆炒，都是別處少見的料理。

雲南菜雖説沒有八大菜系那般知名，也沒川菜那樣火爆，但顛倒味蕾的料理手法和許多人不曾聽聞卻一嚐上癮的調料，在在透著新奇。

豬肝的料理，我在台灣似乎只見過麻油豬肝、豬肝湯和炒豬肝。雲南對豬肝的烹調和別處非常不同，除了用蔥、蒜、辣椒大火爆炒得油辣乾香的炒豬肝外，將豬肝滷了之後，風乾、切片，作為涼菜拼盤也是一絕。這兒要介紹的酥肝，是所有雲南傳統的豬肝料理中，最得我心的一道。小時候媽媽常做它，外酥內嫩，齒頰生香，回味無窮。

酥肝是大理巍山彝族的傳統名菜，以前在美斯樂宴客，一定有道大拼盤，裡頭有滷牛肉、炸乾粉腸、炸核桃、滷豬肝和這道酥肝，現在已經很少見到了，但它不難做，豬肝便宜好吃又營養，值得經常上餐桌。

炸酥肉

材料

兩塊炸排骨大小、帶點肥肉層的後腿肉，蛋一粒、鹽一小匙、草果粉一小匙、薑汁一大匙、麵粉一杯、水半杯。

作法

1. 將肉切成兩個指頭寬、兩個指節長大小，與草果粉、鹽、薑汁拌勻，醃半小時入味。
2. 將麵粉、水和蛋混合，放入醃好的肉拌勻。
3. 燒一鍋油，油熱了之後改小火，將裹著麵衣的肉，一塊塊分批放進鍋裡炸至金黃。

同場加映

酥肉湯

· 不做澎湃的土鍋子酥肉，先試試清新風雅的酥肉湯也十分討好。用一碗高湯淋上酥肉，湯裡加點鹽，放到鍋裡隔水蒸半小時，起鍋後撒點蔥花和白胡椒粉。蒸燉過的酥肉，外皮變得 Q 軟彈牙，和原來的本尊已完全兩樣，它的香味浸到湯裡，酥肉帶湯拿來泡飯，好吃得不得了。

炸酥肉在我家是一道還沒上桌就會被小孩子偷吃的菜。香酥的麵皮一口咬下，裡頭還有一層香香軟軟的麵衣，再來才是被香料醃得噴香、肥瘦適中的肉。做好的酥肉呈金黃色，熱吃、冷吃皆宜。熱熱的吃還有點軟，香味撲鼻。放涼之後，香味不變，外皮變酥，口感更佳。雲南人吃酥肉，吃法多樣，其中一味「土鍋子酥肉」，備料繁複，吃法澎湃，很像台灣的佛跳牆，但那鋪在料裡的酥肉經過眾多食材浸潤久燉之後的那股香軟 Q 彈，會讓我夢中流涎。

這道土鍋子酥肉還有個傳說，相傳元朝末年，一名大臣到騰沖守關，嫌每天送來的飯菜都冷了，想方設法，讓當地人用土製成鍋子，用雞和排骨做湯底，鹽、草果調味，鋪上芋頭、山藥、紅白蘿蔔、油豆腐、筍片、酥肉、炸豬皮、蛋卷等食材，燉好後再撒點蔥花點綴，整鍋送到邊關給軍士們，熱騰騰、香噴噴。

土鍋便是現今的砂鍋、陶鍋。這道進階版的酥肉料理，年節時不妨試之。但初步還是先把酥肉給學會了吧。

番茄魔法

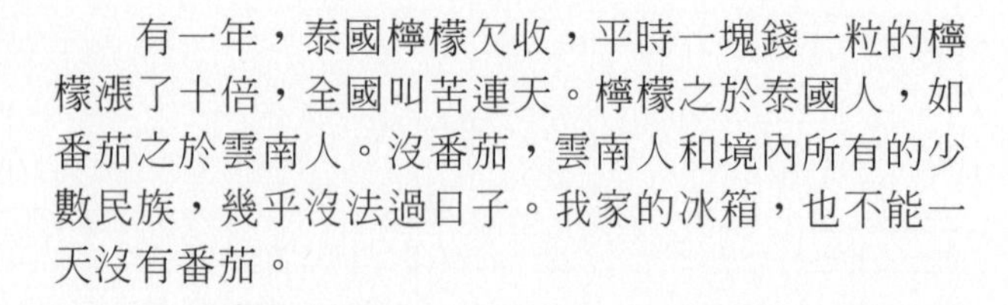

有一年，泰國檸檬欠收，平時一塊錢一粒的檸檬漲了十倍，全國叫苦連天。檸檬之於泰國人，如番茄之於雲南人。沒番茄，雲南人和境內所有的少數民族，幾乎沒法過日子。我家的冰箱，也不能一天沒有番茄。

在大陸的其他省分，或更廣地說，除了義大利人，沒有一個民族，像雲南人這般依賴番茄。哪天雲南人餐桌上沒番茄，那鐵定是太陽打西邊出來了。我家呢，平常不覺得有多依賴番茄，有一次我要出遠門，必須為那不喜外食的女兒備下幾天的菜，七八道菜做下來，紅通通的一片，女兒不吃辣，紅的都是番茄。

雲南人吃番茄，主要有兩個品種：原生種小番茄極小極酸，滋味濃郁，用來燒烤過後做成番茄辣醬，以及煮到軟爛澆在米涼粉上做冷湯汁，那酸香的滋味遠非大番茄能及。另一種大番茄，雲南人稱做西紅柿，涼拌、炒菜、紅燒就都靠它了。叫番茄作西紅柿，我想是從西方傳入的大番茄出現之後才有的名稱，它就像柿子般大，和原生種小小酸酸的番茄不同。另外，雲南還有一種大樹番茄，小土雞蛋般大小，褐紅色的皮，長在樹上，比番茄還酸，我偶爾會在龍崗的忠貞市場看到，每次看到必不放過，無論用它來取代番茄做紹子，或是與大蒜、辣椒烤過搗碎做傣族辣醬，它那後段才出現的酸勁真是魅力無窮。

番茄在我家用途極廣。我家冰箱裡，永遠存有一袋袋熬好的蔬菜高湯，它幾乎沒熱量，營養豐富，滋味又鮮甜。我煮咖哩，用它；煮麵，用它；煮味噌湯，用它；煮韓式泡菜鍋，用它；連做義大利麵，也用它當湯底；煮蛋湯、青菜湯，還是用它。這高湯，主角便是大量的番茄、和只有三分之一量的洋蔥和胡蘿蔔。

吃美國食物胖了一大圈的女兒，回台灣兩個月瘦回原形，靠的就是這番茄高湯，我天天用它變化出不同的料理，讓貪吃的女兒在沒有犧牲口腹之慾的情況下，甩掉美國帶回來的肥油。

在雲南菜裡，番茄用途極廣，尋常的番茄炒蛋、番茄蛋湯就不說了。這裡介紹其他菜系比較少見，大人小孩絕對都愛的番茄料理。

番茄辣醬

番茄辣醬是傣族菜，但廣泛進入雲南人的家庭。它的作法極簡單，卻營養好吃，料理方式變化多端。

烤過的番茄、辣椒和大蒜，你無法想像有多麼美味！番茄辣醬可以當菜吃，配上白飯，很是爽口下飯。也可以當沾醬，配什麼呢？基本上，只要是蔬菜瓜果根莖類都速配，最常見的搭配有黃瓜、高麗菜、白菜、佛手瓜、筍、四季豆、長豆、油菜花、胡蘿蔔、白花椰菜。

| 材料

小番茄二十粒或大番茄三粒、大辣椒五根（勿用朝天椒，太辣，又不香。不沾辣者可免，少辣或嗜辣者酌量增減）、帶皮大蒜二十瓣、紅蔥頭十粒、香菜切末一大匙、醬油半大匙、鹽一茶匙。

| 作法

1. 番茄、辣椒、大蒜、紅蔥頭進烤箱以攝氏160度烤二十分鐘。要注意，大蒜和紅蔥頭進烤箱前，先用刀將每粒刺一下，否則受熱後會膨脹爆開，濺得烤箱四處都是。另外，蒜、紅蔥和辣椒會先熟，請隨時注意，過程中不時打開烤箱壓壓看，一旦大蒜和紅蔥變軟並透出香味，便必須先取出。辣椒則是外表開始變色變軟，便可取出。
2. 將烤好的番茄和辣椒去皮。大蒜和紅蔥頭則在頭部切個口，略微擠壓，蒜泥、蔥泥便乖乖跑出來了。
3. 家裡如有研臼，將去了皮的番茄、辣椒、大蒜和紅蔥頭放進去搗細，加醬油和鹽調味，舀出來後，撒上香菜末或薄荷葉、刺芫荽末。若無研臼，切碎了拌勻也可以。

同場加映

番茄辣醬變奏曲

· 番茄辣醬可以做很多變化，比方把紅蔥頭換成洋蔥，或把新鮮辣椒換成乾辣椒，風味又完全不一樣。如果家裡有擺夷豆豉，烤一塊切碎了拌進去，它的色香味就又完全變了個樣。

番茄炒過貓

| 材料

過貓一把、小番茄八粒或大番茄兩粒切片、大蒜瓣五粒拍碎、辣椒半條斜切片、乾豆豉半片切成薄片、油一大匙、水一大匙、醬油半匙。

| 作法

1. 過貓摘撿嫩葉、嫩芽成大約五公分的段，洗淨放入滾水中汆燙 20 秒去澀後迅速撈起，用冷水沖過讓它保持鮮綠。
2. 起油鍋，爆香大蒜、辣椒和豆豉，下過貓，加一大匙水和半匙醬油（千萬別再加鹽，因為豆豉已經有鹹味），拌炒幾下之後，蓋上鍋蓋燜 10 秒鐘，打開蓋子，再拌炒幾下便可起鍋。

雲南人稱蕨菜為蕨蕨菜，我來台灣後，才知道它被叫做過貓。時至今日，我還是不懂它為什麼叫過貓。逢買必問，為什麼它叫過貓？菜販盡皆一副「你是來亂的嗎？那你為什麼叫賀桂芬？」的表情。

蕨菜野生在林間山野，沒有任何污染，又富含人體需要的多種維生素，是標準的健康食材。它有股澀味，用滾水燙過後浸入冷水中，可去除。經過處理的蕨菜水嫩翠綠，口感清香滑潤。

在雲南，蕨菜有很多品種，還有紫色的蕨菜乾可買，一根根嫩芽用溫水回軟後，那紫色宛若新生，煞是好看。無論是乾蕨菜回軟或新鮮蕨菜川燙後，夏天用來涼拌最是清爽，簡單以雲南素料或油料涼拌，都很爽口。

涼拌之外，炒過貓有比較豐富的口感層次，主要靠豆豉的香辛和番茄的酸甜，配上過貓的鮮脆滑潤。色彩搭配上，番茄的紅、大蒜的白、豆豉的褐，以及過貓的綠，宛如田園畫般賞心悦目。

番茄炒洋芋

洋芋料理除非做成泥或油炸裹粉，否則一般很難入味，但這道番茄炒洋芋，因為是薄片又滑潤，洋芋片裹著番茄的酸甜，是最討好的洋芋料理。炒這道菜一定要加水，否則洋芋會黏鍋。因為洋芋有澱粉質，加點水會讓它有勾芡的潤腴口感。

| 材料

洋芋兩顆去皮對半切薄片、大番茄兩顆切片、醬油一大匙、油一大匙、水兩大匙。

| 作法

起油鍋，將番茄炒軟出水後，放入洋芋拌炒，加入水，待洋芋變色不再粉白之後，用醬油調味便可起鍋。

番茄炒蓮藕

| 材料

蓮藕一節（可炒一盤）洗淨，用刨刀削皮、切成薄片。大番茄一顆或小番茄六至八粒切片、蒜四瓣拍碎、醬油兩茶匙、油一大匙、水四分之一杯。

| 作法

起油鍋，爆香大蒜。放入番茄炒至軟。放入藕片、水和醬油拌炒一分鐘便可起鍋。千萬別炒久，否則藕片變軟、變粉，就不好吃了。

雲南因為湖泊多，藕的產量極豐。雲南人吃藕，燉排骨湯或做成桂花糖藕，和別的地方沒什麼兩樣。涼拌酸辣藕，口味又太嗆竦，不適合介紹。倒是炒蓮藕這一味，我在台灣沒見過，女兒從小極愛吃，就介紹這一道吧。

炒蓮藕作法極簡單，紅白交錯的顏色和爽脆的口感又極討好，產藕的季節，不妨多吃。藕性甘寒，能化瘀清熱解毒和止血，尤其有利婦科疾病。夏天吃藕，特別清爽。這道菜，取蓮藕的鮮脆和番茄的微酸微甜，十分爽口。兼之番茄的紅和藕片的白，很是悅目。同樣的方法還可以拿來炒白菜和高麗菜。

番茄拌皮蛋

台灣的泰國餐廳裡大多有這道菜，但如果你去的是五星級飯店泰國主廚掌杓的泰國餐廳，絕對沒有，因為泰國人根本不吃皮蛋。由此可見，雲泰一家親真的是台灣特有的風景。

這道涼拌皮蛋，雲南人宴席裡一定有它。皮蛋、洋蔥、番茄相間排列，光是賣相就很喜氣，更喜的是，它還很好吃。

材料

皮蛋三個、大番茄一個、洋蔥四分之一顆、炒香的花生一大匙、香菜切末三大匙。

醬汁

辣油、蒜油、芝麻油各一大匙，醬油半匙、鹽一茶匙、糖一茶匙、醋一大匙。

作法

1. 皮蛋一個切成四瓣，番茄切片，洋蔥切絲。
2. 將番茄呈放射狀排列在盤子最底層，再交錯排列皮蛋，再來將洋蔥絲撒在皮蛋上，最後鋪上香菜末。醬汁另盛端上桌，食用前再淋醬汁，否則太早淋汁，番茄會走味。

同場加映

滇味義式涼拌皮蛋

- 我喜歡用義式沙拉的方式，將咱們雲南人的涼拌皮蛋變身為時尚趴裡的驚喜小點，頗受好評。
- 選硬度很夠的大番茄一顆、皮蛋兩顆、洋蔥八分之一顆、香菜五根。
- 將番茄去頭尾，取中間圓圈最大的部分，切成一公分厚片。洋蔥、皮蛋都切丁分開備用，香菜切末，備醬汁同前述涼拌皮蛋。最後將番茄片平放，依序放上皮蛋丁、洋蔥丁，淋上醬汁，再放上香菜末，便成了吸睛的滇味義式小點。

番茄燴魚

雲南人的番茄燴魚，其實和糖醋魚很像，不同的是，也許以前雲南沒有番茄醬這玩意兒，因此用的是新鮮番茄。但在聞添加物色變的今天，享受美食還是原汁原味真材實料的好。和糖醋魚是用番茄醬、糖、醋調出來的人工味道相比，番茄燴魚清香甘美多了。

| 材料

魚一條（任何肉質軟嫩、大小適中的魚皆可）、大番茄四粒切片、洋蔥半粒切粗絲、大蒜十粒切碎、薑兩指寬一截切絲、蔥切段一碗、水一碗、醬油一大匙、鹽一茶匙。

| 作法

1. 將魚略炸，勿炸乾，維持其軟嫩。
2. 起油鍋，爆香洋蔥、薑、蒜，接著放入番茄，拌炒均勻後，加入水、醬油和鹽，蓋上鍋蓋，讓番茄軟化出味。
3. 將魚放入，兩面各燴煮約兩分鐘，起鍋前將青蔥塞到鍋底，十秒鐘後起鍋。

涼拌番茄

番茄料理的最後一道，就讓番茄維持最初的樣貌，來道涼拌番茄吧。墨西哥的莎莎醬說穿了也是涼拌番茄，用料也是洋蔥、辣椒和番茄。義式前菜也會有橄欖油涼拌番茄丁，但都沒有雲式涼拌番茄這麼滋味萬千。中國其他省分，我沒看過將番茄涼拌。我說嘛，雲南人萬物皆可拌，向來當配角的番茄，碰上雲南佐料，也可以登台主唱了。

| 材料

大小番茄隨意，切丁後約一碗的量。蒜油一大匙、辣油一大匙、薄荷或香菜及芹菜切末兩大匙、檸檬半大匙、鹽一茶匙、醬油一茶匙。

| 作法

將所有材料混合拌勻即可。

那些舌尖上的滋味總連著一樁樁家鄉的故事，
以及年幼時與父母共同經歷的柴米油鹽。
循著馬幫之女的味覺，走一趟豐饒的雲南，
享受山光水色、繽紛市集、雲南人的慵懶與熱情，
品嚐大理好吃的米涼粉、麗江繽紛希罕的菇蕈、騰沖讓人垂涎的大救駕；
保山嗆辣的食物，擺夷族的風味餐……。
沿途不乏傳統的烤物小吃，
正餐再叫上一碗過橋米線，心與胃腸，都被熨燙，被收服。

麗江
大理市
昆明市
騰沖
保山市
西雙版納

【卷二】美味遍地

昆明人悠悠呢

我爸是雲南玉溪人，產菸草的地方。但他自幼在昆明長大。

他過世二十多年了，但我腦海中有一幕畫面始終鮮活：每天傍晚，我們幾個小蘿蔔頭，就像盼望了一整天，好不容易盼到主人牽出去遛的小狗，興奮地和父親散步去。

他雙手背在身後，寬管長褲飄飄，悠悠地，笑笑地走著，看我們忽前忽後地嘻鬧。

父親好像永遠是這德性，慢吞吞地、閒適地，雲南話叫做「悠悠呢」。長大後，看到些文章對昆明人的描述，哦，這才恍然，老爸就是十足昆明人的脾性嘛。

懶點兒有什麼不好

去雲南尋根時，到昆明拜訪表姊，她的一位上海朋友正好來訪。

「如果我是昆明市長，一定把交通搞好。」這位上海朋友一臉受不了的交通的表情。

沒想到表姊回她：「把交通搞好幹嘛呢？」
「大家省時間啊，快啊。」
「省時間幹嘛呢？急什麼呢？」

夾在兩人中間的我差點噴飯，但這正是昆明人慵懶的最佳寫照。

在昆明街頭，看不到行人腳步匆忙，人人在混亂中悠然自得；公園裡湊滿四人便擺起桌子搓麻將，旁邊阿嬸拿起麥克風引吭高歌，哇，歌聲不遜英國蘇姍大嬸。

圍觀人群聽得陶醉，一時興起，朝身邊女士攬腰一摟，舞將起來。這一下場，立刻有好幾對跟進，一時公園變舞池，雙雙儷影滿場飛舞。

四週樹蔭下，長凳上，或坐或躺，或打毛線，或讀報，或喁喁私語，或純發呆；路邊草坪上，年輕男子兩手托在腦後，愜意仰躺，你打他身邊過，他瞅都不瞅你一眼。

昆明人溫吞懶散的個性，你要是對一個昆明人說：「你太懶散了。」他會笑嘻嘻反問你：「懶點兒有什麼不好？悠悠呢。」

「慢悠悠呢」是昆明人的口頭禪，就是慢慢地，做任何事都不急。你去拜訪昆明人，他會告訴你，悠悠呢來；吃飯的時候，他也會說，你者(您)慢慢請(吃)，悠悠呢；走的時候，他又會說，悠悠呢去。體貼吧？

但是換做你等昆明人的時候，你就會深深體會，昆明人更體貼自己。說「一小下(立刻)就到」，結果你可能等個半小時，甚至一小時他還沒到。

「悠悠呢」使得這座城市的生活節奏異常緩慢。在昆明很少見到快走的人，一些學者解釋說，昆明海拔高，缺氧，人的精神不容易亢奮。加上常

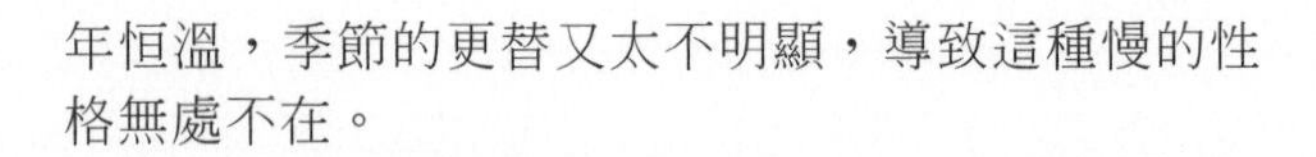

年恒溫，季節的更替又太不明顯，導致這種慢的性格無處不在。

警察不讓人睡懶覺

昆明整個就是步調比較慢，生活、工作都是。

有一次，我打算買件前一天看上的衣服，等啊等，十一點，老闆終於開門了，左右鄰居也一應如此。然後，下午才四、五點就打烊了，真夠懶洋洋的了。

週末假日，昆明人九點、十點才起床，磨蹭到十一點多，出門逛逛順便吃飯，午飯後在翠湖邊走路消食，四、五點到茶館沖沖殼子（雲南話，聊聊天的意思）。這種生活方式當然愜意，看在外省人眼裡，簡直就是不思長進。但昆明人可就這股不在乎勁兒。

聽說民國時期的昆明員警，每天早上例行任務之一，就是叫昆明街道上的店舖開門，不讓人們睡懶覺。

三〇年代的歷史學家陳碧笙說，他觀察到滇人有「四不」：一、不起早，怕瘴氣；二、不洗澡，怕風濕；三、不吃飽，養腸胃；四、不討小，養身體。

昆明人稱春城，氣候四季如春，昆明人愛花愛自然；到昆明，當然不能不看花賞花買花。昆明名滿天下的尚義花市已經走入歷史，大部分花店搬到岔街一號，除了花市之外，這兒是昆明歷史悠久的古玩市場，增加了花市之後，可逛性更高了。

吃昆明小吃，金馬碧雞坊、百匯商場、花鳥市場都是好去處。去昆明，學學昆明人的慵懶，隨意走走逛逛，十天八天也不嫌多。

用花染飯，光想就浪漫

雲南少數民族之多之分散，走個一年半載也無法訪盡，權宜之計，滇池旁，西山腳下，民族村走馬看花一番，可以順便坐索道攀西山。

民族村規畫、維護得相當好，每一種少數民族的居所、用具、風俗文化，都有非常詳盡的介紹，更重要的是，每一種民族的歌舞表演，都是帥哥美女，天啊，瞧這兩位哈尼族和佤族的男子，多俊美啊；再瞧這兩位愛尼族和彝族的女孩，多漂亮啊。

民族村唯一讓我遺憾的是，怎麼每個族的特色小吃都是烤粑粑和涼拌米干米線啊？雖然粑粑和米干米線真的很好吃，但不會每個族吃的都一樣吧？唯一比較特別的是布衣村和拉祜族的五色飯，用楓葉、黃花等植物染色而成的五色花米飯，黃紅紫咖啡和白，漂亮，有鹹有甜，但原味更棒。用花染飯，光用想的就很浪漫，不是嗎？

悠悠的過橋吃米線

到昆明，有兩樣東西，不吃就算白來了，一是氣鍋雞，二是過橋米線，這兩樣東西，幾乎成了雲南的代名詞。

氣鍋雞作法簡單，味道純正，但只一樣 ，鍋子難買。去雲南時沒扛一只回來，我後悔到現在。我想過在台灣網購， 一只三、四人份的鍋，要賣到七、八千，只好作罷。

昆明開的第一家氣鍋雞，取的店名恰如其菜——培養正氣。氣鍋雞靠的就是鍋正中央有一錐口，將底鍋滾燙水氣引上來，經過鍋蓋冷卻變成水滴滴入鍋裡變成雞湯，滋燉氣鍋裡沒放水，只加了幾片生薑、蔥、鹽的雞，形同蒸餾。氣鍋和底鍋都

是傳熱慢、保溫佳的土陶鍋，更讓氣鍋雞甘醇甜美。更講究些的人家，會放些雲南特產的三七、天麻、蟲草等藥材，既是美味佳餚，又是食療上品。

昆明的過橋米線，數橋香園最道地，連鎖分店數多，湯頭好，菜色吃法也多，最豪華的吃法是配料全套：鵪鶉蛋、魚皮、豬腳筋、魚片、牛肉片、豬肉片、豆芽、金針、胡蘿蔔、韭菜、白木耳、黑木耳、筍片、榨菜、豬肝、蝦、炸酥肉，和米線一起燙進滾燙的雞湯裡，份量足夠三個人吃。

吃過橋米線時，要用大湯碗盛來熱湯。用老母雞熬成的湯，清澈透亮，湯上覆蓋著一層黃黃的雞油，表面上看波瀾不興，實則油下沸滾燒燙。先將雞胸脯肉片、豬肉片、魚片、豬肝片、豬腰片等汆入湯碗，輕輕一攪，不一會兒便把肉片涮得又熱又嫩。

接著，再夾入蔬菜。最後，放入米線，配以香油、胡椒、辣椒油、香菜末等調料。於是，滿碗五顏六色，那雪白的米線，與紅色的豬肝片、豬腰片，碧綠的菠菜、豌豆夾，鵝黃的黃芽韭菜，相間交輝。吃起來，肉片鮮嫩，綠菜爽脆，米線軟滑，湯味濃美，十分可口。受不了雲南人「悠悠呢」個性的人可能會想，幹嘛那麼麻煩，全倒進去煮熟再端出來不更方便？哎呀，那不就變成了大雜燴了嗎？

外省人，尤其台灣人，來到雲南，腦筋會有些打結，到底米線和米粉怎麼分，台灣人的米粉，和雲南人的米粉一不一樣？米粉是不是就是米線？

唉，解釋起來還挺累的。先說明，完全不同。

雲南產糯米也產米，而很多少數民族的主食是糯米，糯米非常深入雲南人的飲食。舉凡米線、糯米粑粑、鹹粽甜粽，都是糯米做的。雲南人說米干米線，其實是兩樣完全不同的東西。

米線是糯米做的，米干是大米做的，米線圓圓細細，口感Q彈帶糯米的微微酸味，可吃熱湯也可以吃涼拌；米干是片狀切成條，口感軟，不耐燙煮，大多吃湯米干。而雲南沒有台灣人稱之為米粉這東西，雲南人稱之為米粉的，是大米做的米涼粉，粿狀，切薄片配番茄冷湯或水醃菜，是吃涼的。

唉，這跟「永和路不在永和在中和，中和路不在中和在永和」一樣，讓人愈看愈糊塗，總之，你記得，碰到雲南食物，請暫且把台灣的記憶丟到一邊，別去想「這米粉是不是那米粉」，吃就對了。

到大理，吃涼粉

蒼山腳下的三塔青年旅社。

「沒房了，多人房只有一間還有床位。」

「現在有幾個人住？」

「一個。」

「男的女的？」

「男的。」

「……，是個什麼人。」

「好像是位昆明軍官。」

這趟旅行，住的都是青年旅社多人房，與不同的女性同過房，但從沒和陌生男子同住過。心裡犯嘀咕，但天色已晚，何況一個人出來旅行，可別處處自我設限才是。

進得房去，沒人在裡邊，但一張床邊整整齊齊掛了件襯衫及西裝，桌上床上則空無一物，嗯，果然是個有紀律的軍官。

才九點多，趁他還沒回房，我早早洗澡上床。正巧保山表妹打電話來，聊開了。

也不知聊了多久，聽到門把轉動聲，一隻腳踏了進來，接著，一顆男人的頭探了進來，看到躺在床上講手機的我，露出明顯愣住了的表情，另一隻腳繼續留在門外。

他不可置信地看看我，接著歪出頭去看看房號，再轉頭看我，再看看房號。接下來的發展，大出我意料之外：他以逃命的速度，火速收拾行李，奪門而出。我這才反應過來，在他身後爆出一陣狂笑……。「解放軍大哥，要逃也是我逃啊，怎會是您呢？」「表姊，照這麼看，你們台灣根本不必怕我們『共匪』打過來。」表妹也在電話那頭哈哈大笑。

爬蒼山、遊洱海、吃涼粉

不像麗江的喧嚷，大理可以自在悠然。雪山融下來的純淨溪水，流淌在街與街之間，「家家門外石板路，戶戶門前有流水」。城市有水便柔軟。古城流水淙淙，垂柳飄飄，潔淨的街道磚瓦，建築新舊參差，但風格統一。

不像麗江的八卦陣街道，轉個彎便迷路，大理街道是棋盤式，可以到處隨意晃悠。鑽進不見遊人的靜巷，瞥見老井裡映出的彎月，觀賞老屋頂上半人高的雜草頂著藍天，訴說著歲月。

大理可以走馬看花，也值得待個十天半個月不嫌無聊。活動夠多，店夠有趣，怪人不少，酒吧更多，小吃夠妙，人文夠美，光是餐廳的「戶外菜單」，已是藝術。我每每站在「菜單」前，手指亂點，點了一桌菜，只看不吃，哪吃得下啊，只一個人。

除了大理古城之外，以大理為軸心，遊蒼山、洱海、更古樸的喜洲、紮染之鄉周城，或是坐遊輪遊洱海，距離短，心情風景可以一天變一個樣。

蒼山是國家級風景區，瀑布峽谷，斷崖峭壁，步步皆美景。蒼山上，是看洱海全景的最佳地點。

蒼山山色蒼翠，十九峰峰峰巍峨，直插雲霄，海拔都在三千公尺左右。蒼山上最特別的地方是水。十九座峰，峰與峰之間都有溪水，共十八溪，溪溪形貌不同，有靈秀的飛瀑，有綠得像翡翠般，在陽光下閃閃發亮的深潭。蒼山步道修建得極好，景區內不時有公安騎單車巡邏，一個人走也安全無虞。

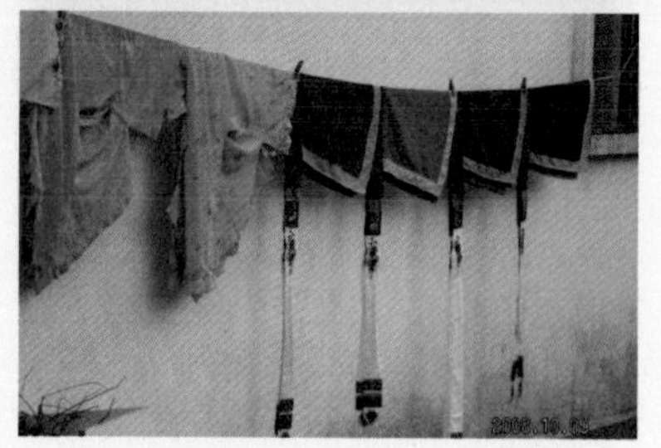

到大理，非吃涼粉不可。古城很多地方都有賣米涼粉、碗豆粉、涼拌豆粉、涼麵、涼拌卷粉、涼拌米線。滇南涼拌普遍偏鹹，但大理口味偏酸甜，比較爽口。就像白族小姑娘，水秀靈透，瞧那周城民居外曬的衣服，那長長的水袖，令人不免心生遐想。

白族的待客三道茶

白族在雲南有一百零八萬人，僅次於漢族，是雲南的第二大民族。大理國的段氏王朝，在金庸筆下，盡為全球華人所知。

大理因為歷史的緣故，人文薈萃，加上靠山面海，物產豐富，白族人又注重年節，飯食文化堪稱雲南之最。光是大理美食，便可寫成一本書。

大理人極為好客，對客人，無論是否認識都熱情接待。大理白族人家，有重要客人光臨，必以「三道茶」相待。三道茶是白族最講究的茶禮，第一道茶是將茶葉放在火爐上烤香之後沖入滾水，第二道是加入炒香了的核桃片、乳扇碎片和紅糖，第三道則是加入蜂蜜和幾粒花椒，有一苦、二甜、三回味之意。

白族人十分注重禮儀，進餐時，老人和客人坐上首，晚輩依次坐在兩旁或下首，並且隨時要為長輩和客人添飯加湯，熱情伺候。晚輩還只能長耳朵不長口：只能聽，不能多嘴。

我回想起以前在美斯樂家裡，父母和客人從來不需要自己盛飯，我們晚輩必須時時注意長輩的用餐進度，飯碗空了，必須立刻站起來替長輩添飯，我記得父親吃東西非常節制，每餐只吃一碗，但又嘴饞，每次幫他添飯，他都說，「添一小嘴」，多了他也不要，就用這「一小嘴」飯收收口。吃完飯，

晚輩必得替長輩盛湯。

雲南人吃飯規距還挺多的，我家吃飯，端碗拿筷，姿勢必須正確，吃飯必須端碗，不能將碗放在桌上以口就食；端碗只能托住碗的底部，指頭不能扣進碗裡；碗裡不能剩飯粒；伸筷不能越過別人；不能翹腳，不能盤腿；不能到湯碗裡撈湯料，否則母親會說：「你要不要跳下去撈？」也不能斜起菜盤逼湯汁，否則又會遭譏：「要不要拿濾杓來濾？」

我還記得有一段時間，我的右手食指受傷，拿筷子時，食指無法彎曲，必須伸得直直的，指著坐在我對面的人。那段時間，如果有客人在，父親便禁止我上桌。後來傷勢好了，我偶爾還是習慣性地伸直食指，這時父親便會持筷子打我伸出的食指。

到大理作客半個多月，上述場面在友人家一一重演。友人家裡的長輩，不斷指正兒孫輩的餐桌言行。我不禁想起，和我在麗江碰到的一群外省來的「驢友」（背包客）作夥去香格里拉爬梅里雪山期間，同桌而食時，湯汁亂飛，筷子亂插，爭搶而食的場面。像大理人一樣，以三道茶待客，以餐桌禮儀傳承倫理的人，可能還是不多。

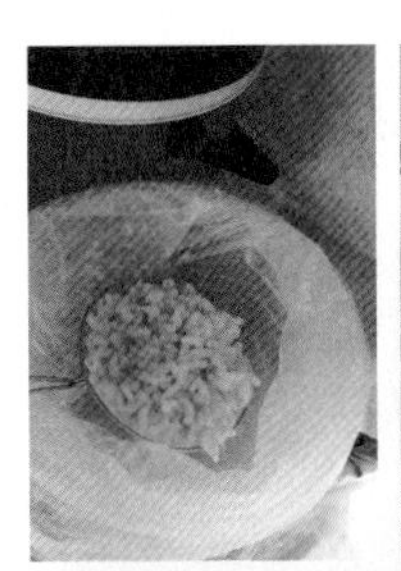

我從小不喜歡吃餅乾之類乾乾的東西，到了雲南才了解這習慣哪來的。雲南靠山又靠水，不像其他大山旱嶺的省分，雲南人吃東西喜歡湯湯水水，生鮮酸辣。可能因為天氣熱，連吃涼粉，也都是湯湯水水，還講究配色口感。

蕎涼粉

蕎涼粉的佐料和吃法與豌豆粉一樣。除了切薄片之外，也可以用刨絲器刨成粗絲或用刀片成薄片，涼拌。

在台灣，我知道唯二兩家固定有賣蕎涼粉，一家在新北市中和華新街南洋觀光市場，一家在龍崗忠貞市場內的攤子。

| 材料

蕎麥兩斤、食用石灰一大匙。

| 佐料

花椒油兩茶匙、草果八角油一匙、蒜油一匙、辣油一匙、醋一大匙、醬油兩茶匙、鹽半茶匙、糖半茶匙、炒香的芝麻和花生各一大匙。

| 作法

1. 蕎麥泡水三小時後，將水倒掉，用料理機打成漿，加三倍水過濾，入鍋以小火邊煮邊攪拌至濃稠。
2. 石灰以三倍水調勻，加入拌煮，沸騰後熄火，倒入容器冷卻成型。

米涼粉

米涼粉也和豌豆粉一樣，吃涼的，但製作過程、涼拌佐料則與豌豆粉完全不同。米涼粉是擺夷吃食，佐料全然無油。

米涼粉在台灣比較確定一定可以買到、吃到的是中壢龍崗忠貞新村市場裡的攤子。若要自己做，只有辣豆豉醬難以自製，所幸華新街、忠貞新村市場裡都買得到。

| 材料

在來米粉半包、食用石灰一大匙、擺夷辣豆豉醬兩大匙、炒香的花生和芝麻各兩大匙、番茄一斤、薑一小塊、蒜瓣五粒、辣椒五根、香菜、高麗菜、鹽、醬油。

| 佐料

辣椒水＋蒜泥、薑及香菜水＋辣豆豉＋高麗菜細絲。

辣椒水：將辣椒切碎，加兩倍水煮爛。

蒜泥、薑及香菜水：將蒜瓣、十元硬幣大小的薑和香菜切碎加兩倍水浸泡。

辣豆豉：辣豆豉醬加一倍水調勻。

| 作法

1. **備料**：在來米粉以四倍水調勻，最好徒手攪拌，確保米漿中完全沒有結塊。石灰以三倍水調勻備用。番茄切塊，十元硬幣大小的薑塊以刀背略拍，兩者加四倍水同煮至番茄軟透，放涼備用。
2. **煮米糊**：用一方便攪拌的鍋子煮米漿，小火慢煮，並且必須一刻不停地以擀麵棍或木鏟順時針攪拌，米漿的每一吋，都必須時時刻刻攪拌，否則便會結塊或煮焦，這兩者無論哪一者發生，整鍋米涼粉便毀了。
3. 米漿煮至濃稠略帶透明，且不斷噴出泡泡時，便代表已經熟了。這時，將泡了水的石灰拌勻，少量緩慢地倒進米漿，並邊倒邊攪拌，拌勻後米漿會從白色變成微黃，這時再持續攪拌至米糊出現光澤，也再度冒泡，便可將米糊倒到成型容器裡（如烤盤）。
4. 米糊冷卻需至少三個小時，利用這空檔製作佐料。
5. **完成涼拌米涼粉**：待米涼粉完全冷卻，切成五公分長寬的一塊，再切成厚度四分之一公分、寬一公分的薄片，佐料每種各加半湯匙，加入一大杓番茄湯，以鹽及醬油調味，撒上花生、芝蔴和高麗菜細絲，便是雲南人傳統小吃米涼粉。

冰涼蝦

在雲南，夏天的午後，太陽毒辣，最消暑的要數冰涼蝦。涼蝦其實和米涼粉是雙生姊妹，只是造型不同。涼蝦是在米漿煮好熄火後，用漏杓壓出來放進冷水裡凝固，像一隻隻小蝌蚪般，晶瑩可愛。

這本來平淡無奇的小東西，澆上冰鎮的紅糖水和玫瑰花瓣醃成的玫瑰糖，突然撞擊出繽紛的口感——先是玫瑰和紅糖的沁心，然後是涼蝦的滑潤和淡淡的米香，夏天毒辣的日頭，瞬間變成暈黃的冬陽。

米涼粉和涼蝦，家裡自製並不容易，中和華新街和中壢忠貞新村菜市場裡，都買得到現成的，是兩道非常適合夏天享用的美食。

喜洲粑粑與周城乳扇

如果你喜歡大理的古樸，你一定會更喜歡喜洲。比起大理的商業化，喜洲猶如在時間洪流中已經靜止不動好幾百年的古鎮。

大理市喜洲鎮是保存最完整的白族古鎮，除了當地的望族──嚴家大院之外，整個喜洲鎮沒有一絲一毫為觀光客包裝的成分。喜洲往東不到一里是洱海，往西不到五里是高山，山水之間，喜洲猶如畫中的姑娘，靜靜地佇立著。

你好，我不是外國人

農民在田間忙活著，泥牆小巷間，耙穀子的白族老太太，意識到我走近，抬起頭來衝著我一笑，然後冒出一句「Hello」。

「你者（您）好，我不是外國人。」我忍著笑，用雲南話回老太太。

「不是嘎？咋會那像？（不是嗎？怎麼那樣像呢？）」

秋收時節的喜洲，路上巷裡，到處都在曬剛收成的稻穀，壯年人在田裡忙活，老人和小孩在每一處可以曬稻穀的地方，院裡巷裡，屋頂路上，翻耙著黃燦燦的穀子。

「Hello!」這回是一群小紅衛兵。
「Hello!」
「你是誰的媽媽？」
「你猜呢？」
「我知道，你是周俊的媽媽。」
「你猜對了，真厲害。」我騙他。
「我見過你，我記得的。」
唉，怎不猜我是誰的姊姊呢？

喜洲很古老，很多房子油漆剝落處，露出泥土糊的牆；許多屋子的牆，有土，有雨水，野草便這麼野乎乎地長起來了。從屋頂上長草的多寡，看得出屋子的年歲，有些屋瓦上甚至長了稻穗，鐵定是貪吃的鳥兒遺下的種子在陽光下恣意生成的結果。

週末，當地學生一群群騎著單車往洱海衝，飛揚的臉龐，揮灑不完的青春。

到喜洲，著名的喜洲粑粑值得嚐嚐。上下兩層炭火夾著烤的喜洲粑粑，外酥內軟，鹹的是肉末、火腿加蔥花；甜的是蜂蜜加玫瑰露，黑乎乎的，很香。

喜洲粑粑別名「破酥」，和雲南的包子原理一樣，意思是層層疊疊的酥餅，都是在發好的麵糰上，抹上一層油，撒上所需的材料。鹹的撒上鹽、火腿丁、蔥花、肉末、油渣、胡椒；甜的抹上芝麻、玫瑰糖膏，捲成一卷，壓平擀薄，再捲再擀，再抹油撒料，直到它變成層層包覆著材料的千層餅，放到炭火上烤成黃燦燦、香噴噴，層次分明的「破酥」。

比北海道牛奶還香濃

如果喜歡蠟染，周城是一定要去的。周城和喜洲在同一條路上，逛完喜洲，跳上同個方向的公交車，沒二十分鐘，便到周城。

周城是中國的紮染之鄉，已經有三百多年歷史；紮染是將白布按照畫好的圖案，用線縫紮起來，泡到天然的植物性染料裡，漂洗拆線後，圖案便呈現出來；比起東南亞和台灣的紮染產品，周城紮染工更細，圖案繁複之外，還手工縫線凸顯圖案，想像著那一針針縫繡穿梭的蓮花指，頓覺桌布不僅是桌布，而是藝術。

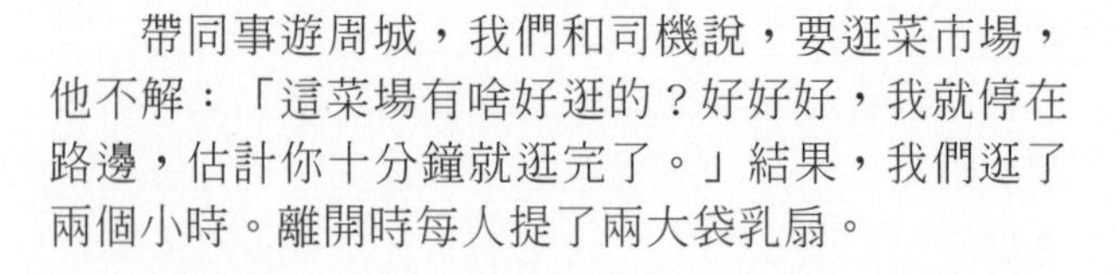

帶同事遊周城，我們和司機說，要逛菜市場，他不解：「這菜場有啥好逛的？好好好，我就停在路邊，估計你十分鐘就逛完了。」結果，我們逛了兩個小時。離開時每人提了兩大袋乳扇。

雲南的牛奶全中國知名，大理地區洱源縣的鄧川是飼養乳牛的主要產地，有「乳牛之鄉」的美譽。當地產的鄧川奶粉，被視為全中國最優質的奶粉。大理到處都有賣小瓶的鄧川鮮奶，入口香濃。

日本北海道的牛奶很有名，可是雲南牛奶比北海道牛奶還要香濃，實在太好喝、太好喝了。水質好和天然放牧，似乎不足以解釋雲南牛奶為什麼那麼香濃，當地人的說法，是因為雲南滿山遍野都是藥草，乳牛天天養生進補，牛奶自然與眾不同。以如此牛奶做成的乳扇，奶香自然也特濃。

雲南的乳扇，也是使用鄧川鮮乳做的。製作方法是將醋加熱，舀到熱鮮奶裡，最頂層就會像豆漿上層生成的豆皮一樣凝成薄膜，用竹筷架地攤開風乾，便成乳扇，這是大理白族獨特的地方風味食品，因為形狀像扇子而得名。你只要把它想像成雲南起士，就差不多了。

乳扇的烤炸蒸

乳扇煎煮炒炸皆可，也可以生吃，過去馬幫出外做生意，常帶上乳扇和紅糖，是旅途中充飢補乏的良食。我們小時候，也經常偷撕媽媽的乳扇嚼著當零嘴吃。

因為接近產地，大理地區各個城鎮的大街小巷，你都可以看到小販在賣烤乳扇，一根竹籤捲著奶白的乳扇，放到炭火上烤，沒幾秒鐘，乳扇開始起泡，然後開始稍稍膨脹，等到烤成金黃色，撒點鹽或糖，就可以吃了，烤後的乳扇，湊進鼻子就可

以聞得到奶香，入口酥脆，很難讓人不愛它。

炸乳扇比烤乳扇來得體面，是雲南人宴席上必備的一道名菜。生乳扇因為太乾，無法直接下鍋，油炸之前，必須將一片片乳扇以乾淨的濕布覆蓋包裹，讓乳扇吸收水分軟化，再將大片乳扇裁切成10×10公分大小，用竹筷子捲成圓筒狀，再將筷子抽出，放乳扇到油鍋裡炸。由於是純奶製成，又很薄，極容易焦，下鍋後大約五秒，等它變成金黃色，就必須趕快取出。

需要注意的是，每一卷乳扇從下鍋到炸好的時間極短，一次只能炸一卷，否則會手忙腳亂，還沒等到你把它取出，它便已經炸焦了。

炸好的乳扇金黃色的一卷卷高高地堆在盤裡，煞是好看，撒點鹽或砂糖，便可上桌了。炸乳扇冷熱皆宜，濃厚奶香配上酥脆口感，大人小孩都愛吃。

讓乳扇軟化，我倒是有個取巧的法子：放到蒸籠裡或鍋裡隔水蒸個兩分鐘，它便乖乖變軟了。

乳扇也可以蒸來吃，將乳扇蒸軟，撒上白糖，細嚼品嚐，乳香濃厚。

乳扇油潤光亮，清香甘美，營養價值高。是老少皆宜的滋補佳品，且攜帶方便，是饋贈親友很好的禮品。

乳扇在中壢忠貞新村市場上買得到，中和的華新街偶爾也會看到。炸乳扇這道菜，像當地的雲南人家、台北市人和園等較具規模的雲南餐廳也都吃得到。

傣族的香料烤物

去雲南尋根，我選擇從泰國北部港口清盛，坐船溯有「母親河」之稱的湄公河而上。放著舒適快捷的飛機不坐，幹嘛跑去河上「漂流」十二小時，何苦來哉？遠在美國當交換學生的女兒聽得我要坐船去，驚恐地在電話裡大喊：「你瘋了嗎？你不怕鱷魚嗎？」

溯湄公河到西雙版納

也難怪女兒的反應。

從清盛行船到西雙版納，這條路線，中文旅遊書裡找不到任何資訊，在國內旅人的認知裡，這條路線，不存在。但一整天行船，遇見不少西方遊客的包船。

早上四點半，天色還一片漆黑，我依時到了港口，從船員手中接過護照。護照是前一天船公司便收了去讓海關蓋章的。這可是我第一次，出境與海關人員沒打照面，挺新鮮的。

不敢看兩邊的河水，危危顫顫走過窄窄的搭板，踏上了船，嗯，這就是了，挺大的嘛，我劉姥姥進大觀園船，拉出相機拍拍拍，聽得有人喊：「上船囉！」啊？不是已經上船了嗎？我以為是這艘大船，結果是……旁邊那艘小船。也不錯啦，四十人座的快艇，有空調，包中餐，乾淨舒適。

從清盛劃開泰、寮兩國的湄公河啟程，途經緬甸，進入中國之後，改稱瀾滄江，兩岸山巒青翠，岸上人家、廟宇不時映入眼簾，河岸怪石嶙峋，漁船、快艇偶爾交錯而過，這時速六十公里的風光，哪是坐在時速一千公里的飛機上能看到的呢？

上得船來，四十人座的船艙只坐了十四人，九月雨季還沒結束，是淡季，除了我，全都是返鄉的大陸人，聽口音，有雲南人，更多的是擺夷（傣族）、阿卡（哈尼族）等少數民族。

我試圖從會船時的情形，辨識船隻航行該靠右還是靠左，觀察了幾次，得到的結論是，水上行舟，沒有交通規則，至少湄公河上沒有。本來嘛，魚兒水中游，誰規定它靠哪邊游呢？

「到了到了！」看到景洪港三個大字，雀躍地在心裡喊，但這一關，可不好過。為防走私或攜帶違禁品，邊防武警檢查行李鉅細靡遺，電腦必開機一一檢查每一個檔案，遇到光碟更是一一播放仔細檢查，我心想，要是有人帶了有顏色的光碟，那可糗了。

檢查電腦的武警只有一名，這一批旅客有兩人帶電腦，偏偏在我前面的那個泰國女生帶了好多張DVD，唉，這下可有得等了；好不容易輪到我，看到小巧的電腦，武警好奇多過警戒。

「哪兒買的啊？」

「台灣。」

「多少錢啊？」

「不貴，一千五人民幣。」說貴了怕對方起壞心。

「其實你不用檢查，我才剛買，裡頭啥也沒有。」我又說。

「剛買？我看好像用了很久了啊？」那武警指指鍵盤上兩滴湯漬。我錯了，他的高度警戒隱藏得很好。

燒烤不夜城

終於吃到西雙版納的傣族米干（河粉），雪白米干在高湯裡浸著，上頭澆上一大匙紹子，佐料桌上的調味料任客人加。

哇，那佐料桌可精采了，醬油有四、五種，辣油、辣醬、油辣椒、生辣椒、酸菜、醃辣韭菜根、蒜末、蔥末、花椒。最特別的是那一大盤新鮮薄荷和刺芫荽，同桌的食客抓了一大把，我也有樣學樣。

那經過萬般醬料及高湯浸熟之後的薄荷葉，湯與葉都香氣襲人，一絕。米干滑潤，湯頭香濃，紅綠白三色交陳，這一碗米干，色香味都到頭了。

晚上造訪景洪著名的燒烤不夜城「曼廳小寨」，半夜一點，人聲鼎沸，有點像台灣以前的啤酒屋，又有過之而無不及，煎煮炒炸烤，要啥有啥。攤子上食材滿桌，讓人眼花撩亂。

傣族人似乎什麼都可以拿來烤，蔬菜、河鮮、蜂蛹蠶蛹、田雞、雞鴨魚肉的各個部位，不誇張，真的是各個部位──豬眼睛、小汽球般的豬膀胱、豬氣管、鴨爪、魚膘、魚眼。

我點了烤羅非魚（吳郭魚）、烤螺肉、烤茄子、豆腐，總共才二十元。不像泰國烤魚只在魚肚裡塞香料，傣族的烤魚將魚整個攤平，裡裡外外全鋪滿以香茅為主的香料辣椒，更入味，更香；螺肉撒上孜然粉、辣粉和花椒粉烤；而那茄子，我從不知茄子烤熟之後竟是那麼軟潤清甜。

草本香料專家

傣族因為居住環境炎熱，喜歡吃酸、辣、苦涼的東西提振食慾兼殺菌。傣族和大理人一樣，食物種類繁多，除了家裡種的和養的之外，對傣族人而言，山裡、河裡的東西，無一不可食，凡是綠的都是茶，凡是動的都是肉。真的是這樣，蜜蜂和蠶一生的各個階段，從蛹到成蟲；蟋蟀、螞蟻、蜘蛛、竹節蟲，沒有不能吃的。

傣族人的美食很特別，有燒有烤有蒸有煮有醃有舂有拌，就是沒有炒，炸也很少。也許因為傣族人浪漫喜歡自由，隨身帶著刀和火種，山邊水邊，想吃便就地升火，利用竹子、芭蕉葉，就地便烤了、煮了。特別是燒、烤，可以說是傣族人美食的主軸。

傣族人是雲南人裡的草本香料專家，無論燒烤拌煮必用香茅、蒜、薑、香菜、刺芫荽、薄荷、南薑、黃薑、辣椒、花椒，讓傣族美食在全中國的菜系裡，獨樹一格。就像傣族女孩，輕聲細語，巧笑倩兮，露出半截的柔軟腰身細如水蛇，瓜子小臉，水靈深邃的眼睛，深刻細緻的五官，我個人覺得她們是全中國最靈秀迷人的女性。

香料烤魚

香料烤魚是一道傣族風味菜。香氣四溢，魚肉鮮美獨特。如果買得到粗鹽，在沒刮鱗片的魚皮上覆蓋一層粗鹽，一則防止魚肉水分喪失，將美味完全封在裡面，二則端上桌時，賣相特別澎湃，吃時將烤魚從中間切開攤平，魚背朝下，整隻魚肉攤開來，因為鹽巴黏住了魚皮，此時將香料撥開，鮮美的魚肉便完全呈現眼前，完全不必動手去皮。

被香料滲入的魚肉，除了鮮嫩之外，還帶有濃烈又清新的香氣，不必再沾我一直認為很遜的胡椒鹽。一筷子連魚肉夾帶上些香料一起入口，那鮮香可真是遠非其他魚料理可比。在台灣的中壢龍崗忠貞新村早市、新北市中和華新街早市，也可買到香料烤魚。

材料

吳郭魚或任何大小適中，肉質軟嫩的魚一條。香茅兩根、薑一小塊、香菜一把、刺芫荽和薄荷（這兩樣新鮮香料不好買，沒有也沒關係，若幸運買到，用量是香菜的三分之一，和香菜併用）、紅蔥頭五粒、大蒜瓣十粒、新鮮大辣椒五根（避免用太辣且香味不足的朝天辣）、鹽兩茶匙、粗海鹽一百公克。

作法

1. **覆蓋粗鹽：**將魚去除鱗、鰓及內臟後洗淨，外皮覆蓋一層粗鹽，如果沒有粗海鹽，用一般精製鹽也可以，但滋味略微遜色。
2. **搗碎香料：**將所有的香辛作料切成丁，分別放入研臼中搗碎，如果家中沒有研臼，用料理機打碎或剁碎也可以，但滋味會遠不如搗碎。
3. **包封火烤：**將搗碎的香料混合，加鹽調味後，塞到魚肚裡，用鋁箔紙包好、封好，放到預熱攝氏 200 度的烤箱裡烤二十分鐘。若能直接放到炭火上烤，當然就更香了。

香料烤肋排

| 材料

切好的帶骨豬肋排五根、香茅兩根、魚露一大湯匙、紅蔥五粒、大蒜瓣十粒、薑四分之一個手掌大小一塊、香菜籽一大匙、白胡椒粉一茶匙、辣椒粉一茶匙、糖一湯匙、檸檬汁一匙。

| 作法

1 肋排洗淨，用紙巾吸乾水分。
2 香菜籽、香茅、紅蔥、大蒜、薑切丁後放入研臼中搗碎，或切碎，或用料理機打碎。後兩者雖方便滋味卻略遜一籌。
3 香料中放入魚露、辣粉、胡椒粉、檸檬和糖調味，放入肋排，醃上一小時，進預熱攝氏200度的烤箱烤二十分鐘。切勿用鋁箔紙包覆，讓肋排的油可以自由滴落，也方便讓肋排上色，因為有魚露和糖，烤後的肋排會呈現亮紅色。如果用鋁箔紙包著烤，不會有焦香，顏色也不好看。

我就是靠這道烤肋排，建立雲南菜和我自己，在同事間的江湖地位的。

幾年前，我的老闆為了表示親民，找了一夥同事到她家吃飯。一位高階主管號稱饕客兼廚林高手，劃下萬兒單挑我 PK。彼時同事偶爾聽我和他夸夸其言，大多懷疑我們都只「說」得一口好菜。當天，老闆指揮她家瑪麗亞搬出拿手絕活，準備了一桌子好菜。我和那位高管，各以一道菜拼高下，由在場同事擔任評審。他做蒼蠅頭，我做這道香料烤肋排。猶記得，我當時拿出幾根香茅，還遭訕笑，說我連野草都可以入菜。

我還記得，第一批肋排還沒烤熟，那香味已經吸引所有的人圍在烤箱前垂涎。烤好出爐，我不准別人染指，堅持讓那位高管先嚐，他抓起一根，咬了一口之後，慢慢抬起頭，說，「我輸了。」

老闆要求我教她家瑪麗亞學會這道菜。聽她說，自此，她家中宴客必以這道菜技驚全場。這道香料烤肋排，可以用雞腿、全雞、五花肉塊取代；也可以少油、小火香煎。

酸奶黃薑烤雞翅

黃薑就是薑黃，東南亞人和印度人，甚至日本人吃的咖哩，其中黃薑是基本且主要的材料。很多人不知道，優格的乳酸菌能夠讓肉質軟化，讓肉質變得軟嫩。這道烤雞翅，除了有優格讓肉質鮮嫩之外，黃薑則是讓烤好的雞翅呈現黃紅色，很是好看，且黃薑消炎抗癌，多食有益。

| 材料

雞翅十隻、不含糖或低糖優格半杯、薑黃粉兩茶匙、魚露一匙、辣粉和胡椒粉各一茶匙、薑四分之一個手掌大小一塊剁成末、糖半匙。

| 作法

將所有佐料混合後醃入雞翅一小時，放入預熱攝氏 200 度烤箱烤 15 分鐘即成。也可用少油香煎。

茄子辣醬

我到傣族家裡做客，吃了好幾頓烤茄子，道道風味各異，有烤了之後去皮搗成泥、拌香料辣椒的；有烤了之後撕成條、拌上酸辣醬的；有烤了之後和烤魚再加上烤過的大蒜和辣椒，用芭蕉葉包起來烤的。我這才知道，其他地方的人吃茄子，料理方法太過侷限。在這兒就介紹一道最容易做的茄子辣醬。

| 材料

茄子兩條、辣椒三條、大蒜六瓣、鹽半茶匙、醬油兩茶匙。

| 作法

茄子、大蒜和辣椒都放進烤箱烤熟後去皮，將全部材料搗碎或剁碎，再以鹽、醬油調味即成。

 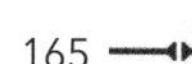

大薄片

材料

採買現成的大薄片（見附錄203頁），或者以火鍋用極薄的梅花肉片、五花肉片替代。

醬汁

醋兩大匙、醬油一大匙、鹽一茶匙，辣油、蒜油、八角草果油各一大匙，花椒油半匙、糖半匙。

佐料

炒香碾破的花生兩大匙、芝麻一大匙、香菜切碎一大匙。

作法

1. 將片得極薄的火鍋梅花肉片用滾水汆燙撈起，或是將五花肉烤至表皮金黃，淋上大薄片的醬汁。
2. 食用時，將醬汁材料拌勻，淋在肉片上，再撒上佐料。若喜歡吃鮮脆口感，也可以切些高麗菜或黃瓜細絲鋪在下方。

在台灣，很多泰國餐廳裡都吃得到大薄片，但可能很少人知道，它其實是一道雲南傣族的燒烤涼菜。豬頭肉是很麻煩處理、賣相很難討好的東西，我沒見過上得了宴席的豬頭肉料理，除了這大薄片。

大薄片是雲南的一道大菜。它非常講究刀工，師傅必須將烤到呈現金黃色、散發著焦香的帶皮豬頭，片成一片片兩指寬、薄如蟬翼的薄片，再用炒香的芝蔴、花生、醋、醬油、香菜、辣油、蒜油、花椒、八角草果油、糖，拌勻成醬料之後，淋在大薄片上。

說實在的，一般人家不太可能自己做大薄片，倒是可以做偷懶版的涼拌五花肉片。雖沒有大薄片的火燒香味，但方便性遠勝大薄片，爽口程度則不相上下。

西雙版納擺夷風味餐

「阿姊，你真的要去我家啊？」泰國旅舍員工，漂亮的擺夷姑娘安香惶恐地問。

「假得了嗎？你說了那麼多好吃的，我去定了。」

孟連是個傣族（擺夷）城，在西雙版納港口城市景洪西北方，一般遊客極少極少會去，但卻是我一生難忘的經驗。在那裡，我住進傣族人的家裡，感受到傣族人的細緻與對美的高度敏銳，吃到最道地的傣族美食。

到了車站，笑起來一口白牙，皮膚黝黑的安香弟弟迎了上來，我馬上就知道，會喜歡上這一家人。

安香家裡務農，小有資產，自建了兩層樓洋房，一家四代六口人住在一起，除了那集三千寵愛於一身的孫女有些驕橫之外，全家人的個性都溫婉親和。晚餐飯後通常是父親一管水菸筒，全家聚在屋簷下聊家常。對待客人，彷彿我就是家裡的一份子，沒有特別殷勤，也沒有生分，自在平和。

孟連很美，地理人文都美；傣族女人長年穿紗籠勒出來的水蛇腰，婀娜嬈嬌，男人性情溫和體貼；市外稻田蔗田茶田一山連一山，有幾塊比日本美瑛的拼布田還漂亮的坡田；市內美麗的孔雀標誌到處都是。傣族人善良好客，傣族美食口味重，但是用草本香料創造出來的重口味，不油不鹹，好吃極了。如果一個人去，沒傣族家可住，孟連有旅社，早中晚都可以到菜市場享受美味到心裡偷笑的傣族美食。

傣族人早餐一定吃米干，孟連的米干用的是豬高湯或雞高湯，上面澆一杓用番茄、大蒜、紅蔥頭和肉末炒成的紹子，這樣味道就已經夠美妙的了，但還不夠，最特別的是這一盆，用全部剁成碎末的蔥、蒜、辣椒、薄荷、香柳、香菜、刺芫荽拌在一起，舀一大匙拌在米干裡，哇！天堂的滋味。

這兒的蕎饅頭和玉米窩窩頭特別好吃，濃濃的蕎麥、玉米香和手工揉麵才能創造出來的Q勁，美味極了。

傣族人每餐必定有一樣以上的涼拌菜，拌魚腥菜、辣醬茄子、辣醬蒜苔（大蒜的花及花莖）……。將茄子烤熟或煮熟再搗碎，魚腥菜、蒜苔切段，用自製的醃漬辣椒醬、香菜、檸檬調味，健康清爽養生。醃漬辣椒醬很容易做，只要將辣椒與蒜攪碎加鹽醃漬，密封發酵幾天後便成。

我特別想介紹魚腥菜料理。魚腥草味道很重，但加上草本香料涼拌，酸辣鮮香，已不見腥味。

魚腥草有藥性，對呼吸系統尤其好。記得SARS期間嗎？醫療單位呼籲大家多吃魚腥草，但國內大多只用來燉雞。根據研究，魚腥草鮮汁含豐富的魚腥草素，對多種病菌有顯著抑制作用，加熱後作用降低。也就是說，最好生吃，拿來燉雞，等於白搭。

這麼好的藥用植物，好種又好吃。一條根種下去，一個月便長成一整方的綠，又是多年生，一勞永逸。

涼拌魚腥菜

雲南人吃魚腥菜，取肥嫩淨白的根，拌醃豆腐（豆腐乳）汁吃。但我喜歡用它的嫩葉切碎涼拌。

| 材料

魚腥菜一碗公切碎、小番茄十粒或大番茄兩粒切小丁、大蒜四瓣切碎、薄荷葉約十片或香菜四根切碎、檸檬汁兩湯匙、辣椒末一茶匙、蒜油或橄欖油一匙、鹽一茶匙半。

| 作法

將所有材料拌勻即可。

酸筍田螺

田螺也是擺夷人嗜吃的河鮮。作法多樣，通常用酸筍或香茅來煮，兩樣都沒有的話，用紅蔥頭和大蒜辣椒來煮，也很美味。

酸筍只需沖洗一下就好，保留住酸味煮出的湯才更有滋味。

材料

田螺或其他任何小型螺類或蛤類一盆、酸筍一碗用水沖洗、香茅一根去皮斜切、紅蔥頭十粒切碎、大蒜瓣五粒切碎、辣椒三根斜切片、醬油一大匙、鹽兩茶匙、油一大匙。

作法

1. 田螺或其他螺類砍掉屁股，洗淨，用開水燙過。貝類則不需此程序，洗淨即可。
2. 起油鍋將紅蔥、辣椒、大蒜和香茅、酸筍共炒，炒出香味之後，放入螺再拌炒三分鐘。放入三碗水，加進醬油和鹽，煮二十分鐘即成。

保山婆的嗆辣傳統味

我們家，女人當家。

「我們麗江人不缺錢，尤其是麗江男人，就算要賺錢，也是女人的事。」一個麗江男人斜叼著菸跟我說。

「那，男人做什麼呢？」

「哎，忙著呢，開門七件事，琴棋書畫菸酒茶。」多好。

創辦美斯樂第一家旅館

不諱言，我家那玉溪人老爸，也是這德性。賺錢養家，當家做主，都是我家那位戰場上、商場上、牌桌上、餐桌上都嗆辣不已的保山老媽的事。

她少女時加入國軍雲南游擊隊做政工，拒絕有錢有勢的將軍，愛上一窮二白的高帥父親。她隻身進入山區和山地人交易鴉片、她向山地人收購農穫原物料當大盤，再將生活日用品賣給山地人。我媽做起生意來，有氣魄，精明，俐落。小時候不知道有「女強人」這名詞，想想，我媽就是個不折不扣的女強人。

她在美斯樂還沒有公路的時代，看到第一名歐洲人騎馬闖進美斯樂探訪山地民族，便認定旅遊業有前途，創立了美斯樂第一家旅館，三十多年前，「新生旅舍（Shinsane Guest House）」便被旅遊指南 Lonely Planet 登錄。十多年後，美斯樂才有第二家旅館出現。

但這「美斯樂第一家」，至今還是吸引無數旅客指定住宿，也因為這樣，我家那兩層木造樓房，想要拆掉重建，都沒辦法，因為拆舊建新，就不是那原汁原味的第一家了。

也嗆辣，也豪氣

「保山婆」，是我們對保山女性的調侃稱謂，形容她們個性強悍，比辣椒還辣，比胡椒還嗆。美斯樂有兩、三位和母親一樣，來自保山縣的女性長輩，脾性的確都很嗆辣。我們這些保山婆的孩子，說起自己的母親，最後都以一句「保山婆啊，有什麼辦法？」來做總結。

我在網路上看到有人提問:「保山女人怎麼樣？賢惠不？」光看提問就讓我發笑。賢惠的定義是什麼？溫良恭儉讓？那麼我告訴你，根據我對保山女人的了解，一點也不！果然，我接著往下看，網友們的回答裡，「驕橫」、「凶悍」等字眼重複出現。看得我哈哈大笑。

女兒小時候和表姊回美斯樂過暑假，沒幾天，女兒就和我媽鬧翻了，我媽說：「我是阿婆，你就要聽我的！」才四歲的女兒回嘴：「為什麼？又不是比大小！」好小子，有妳的。保山婆的基因，顯然隔代遺傳到這小不點身上了。

保山人也豪爽大氣，水果一買就是十幾二十公斤裝的一大竹簍，吃到你快撐破肚皮。

每次母親到台灣住在我家，老是把家裡兩個冰箱塞得滿滿滿，下廚東一大鍋西一大鍋，擺滿一桌子，然後大罵我們把她當老媽子還不知感激，做了都沒人吃。老媽呀，我家才小貓兩、三隻，您還當我們在美斯樂，每次有十幾個人開飯啊？

唉，說她兩句，她皇太后便發火了，收拾行李搬到其他兄弟姊妹家，沒兩天又因為同樣的理由投奔我來了。再過幾天，她又生氣了：「老娘要回泰國了，回去之後，把護照沖進馬桶，再也不來看你們！」

我媽喜歡當老大，家裡大小事，她一個人說了算。誰要是和她頂幾句，她要嘛用輩份壓你，要嘛眼淚嘩啦啦，寫十幾二十頁的信給你。唉，碰到她，只有舉雙手投降最方便。

又美麗，又會玩

媽媽喜歡當老大的個性一放到吃喝玩樂裡，就比別人的媽媽有趣多了。她經常帶著我們到溪裡炸魚，一夥七、八個人，一路吃吃喝喝，到了溪裡，她指揮若定：你，到上游放炸藥；你和你，到溪的兩頭拉起魚網；你和你和你，在網子前方負責抓被炸暈的溪魚。

有一段時間，她買了山上不少土地，讓少數民族替她看守，養些牛馬，種些東西。她常常帶著一小隊跟班（也就是我們這幾個小鬼頭和喜歡當跟屁蟲的一些玩伴啦），騎馬到山裡巡視她的「領地」，我看呢，出去放風玩耍的成分居多。

她通常腰間別著手槍，一副女俠的樣子。女俠是不縱口慾的。而我那貪吃的保山老媽呢，馬背上馱著許多吃的喝的，騎一段路，便帶著我們下馬吃吃喝喝，找目標玩槍，比誰射得準。這像個女人嗎？這……！

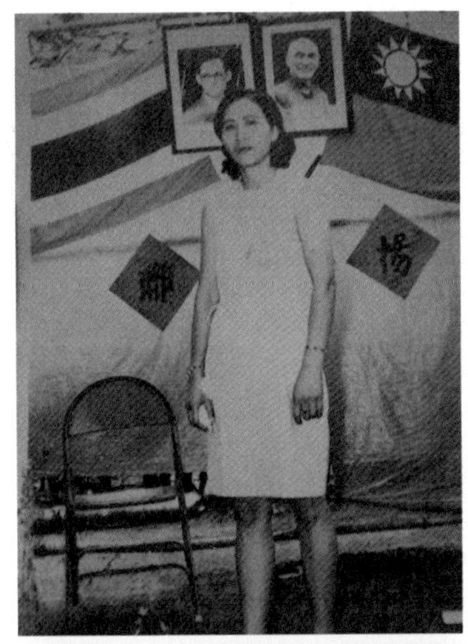

母親手巧，無師自通縫紉一流。她長得漂亮，又愛打扮。女兒看了 CoCo 香奈兒的自傳，驚呼：婆婆簡直就是美斯樂的 CoCo 香奈兒！

就算不出門，母親每天必定梳洗妝扮，在院子摘朵花戴上。我最喜歡四、五月的梔子花，被她帶在頭上，靠近她就聞到香。美斯樂的長輩，每次看到我，都喜歡說：「妳媽比妳漂亮。」她還在的時候，他們就這麼說。她過世了以後，他們還是這麼說，我也只能乖乖聽著，我能跟我媽計較嗎？

她過世前幾年，眼睛不行了，手也不穩了，眉毛常畫歪，口紅常塗不勻，讓人看了心疼，她是那麼愛漂亮。

我媽很跟得上流行，但有時，跟的是我們小輩的流行。記得有一次，幾個玩伴到家裡玩，其中一個穿了一身的牛仔裝。沒兩天，我媽身上赫然也出現了一身牛仔裝，你能想像嗎？四十幾歲的中年歐巴桑，編了兩條辮子裝可愛，牛仔夾克、牛仔褲加靴子。唉，我的天哪。我只記得自己好窘，那天整天在外頭撒野不回家。

憶往事，保山尋根

母親去世八年了，每次和兄弟姊妹聚會，憶起舊事，總不免談論母親許多讓人既佩服、又好氣或好笑的事蹟。

最讓人哭笑不得的兩件事，都和她的後事，以及她的愛漂亮有關。

她還很健康的時候，有一天，我接到她打來的電話：「小妹，台灣的壽衣漂亮，你給我去買個幾套寄來。」「壽衣是什麼？過壽穿的嗎？」「傻丫頭，壽衣是死人穿的。我怕到時你們給我買的不漂亮。」我抗拒了好多次，終究拗不過她，硬著頭皮走進葬儀社給她挑選，天哪，還被她嫌醜退貨。

再一件，她健康惡化期間，自己跑去找專門替喪家寫訃聞輓聯的書法家，請他幫她把訃聞先寫好，又開出清單，叫人按她開出的規格，置辦她要「帶走」的一切。我們埋怨她這麼做不吉利，她振振有詞：「你們怎麼會比我知道自己要什麼？」

我媽喜歡到處趴趴走，她最大的遺憾，是沒走遍世界，除了中國、泰國，她只玩過台灣和日本。所以她給自己準備了兩本護照，其中一本是美國護照，「美國護照去哪裡都不需要簽證。」嘿，她很懂呢。

她出殯那天，我妹清點要燒給她的東西，發現有兩本護照，當下覺得沒必要，捨了那本莫名其妙的美國護照。結果，第二天一早，我一位情同姊妹，特地從曼谷到美斯樂陪我們守靈的死黨告訴我們，

前一晚她夢見我媽，質問她的護照怎麼只有一本？嚇得我們趕緊補燒了給她。而這位死黨，並不知道我妹只燒了一本給母親。

二〇〇八年回雲南尋根，沒找到父親的親人，但母親在保山施甸縣的親人，倒是一直都還有聯絡，只是不曾謀面。媽媽的小弟，我的舅舅，聽得我要去，把表妹從大連叫了回來。表妹說，沒錯，保山女人都很恰，三姑媽（我媽）回家探親，三姊妹各不相讓，都很強悍。

在施甸轉一圈，哈，幾乎每一戶都是女人當家。每個女人講話做事，都帶著一股英氣。男人呢，噓，偷偷說，都還挺居家，還帶點怯懦呢。

在舅舅家，下廚的是舅舅，天天招待我吃香喝辣。辣子雞丁、麻辣蝦、辣炒豬肝，樣樣嗆辣。蔥、薑、蒜和辣椒這四樣香料，台灣也普遍運用，但頂多是兩兩作伴，很少四種熱鬧滾滾。但雲南料理，喜歡四種一起用，尤其是炒肉或紅燒魚、紅燒豆腐，只要將這四種香料一起爆香，就很討好。

辣子雞丁

| 材料

帶骨雞丁半斤、兩指寬薑塊一塊、大蒜瓣八粒、辣椒兩根、青蔥兩根、鹽一茶匙、醬油半大匙、油兩大匙。

| 作法

1 雞丁洗淨濾乾。薑去皮切絲、蒜拍碎、辣椒斜切片、蔥切段。

2 起油鍋，爆香蔥薑蒜和辣椒後，下雞丁拌炒，並加鹽和醬油，待雞肉變色入味，水收乾，便可嗆辣上桌。

同場加映

快炒豬肝

· 巴掌大的一塊豬肝切薄片，蔥四根切段，兩指寬的一塊老薑切絲，八粒蒜瓣拍碎，兩根大辣椒斜切片、油兩大匙、鹽半小匙，醬油一大匙。熱兩大匙油，先炒香蒜、薑、蔥和辣椒，下豬肝同炒，豬肝變色後，以鹽、醬油調味，即可起鍋。

用辣椒和蔥薑蒜炒肉類，是保山人的傳統料理。我家餐桌上，也經常出現這一味。比起四川的宮保雞丁，保山人的辣炒雞丁，多了蔥薑蒜的香味和較多的層次口感，也草本自然多了；配色上，青蔥的綠、大蒜的白、辣椒的紅，也比宮保雞丁豐富。

以同樣手法，用來炒豬肝，更是鮮腴。豬肝可以替換成豬肉絲、牛肉絲、腰花或牛肝片。基本上，備好蔥薑蒜辣椒，只要是肉類，都可以如此這般料理。不過要小心，它，很下飯。

最記得我爸，每次餐桌上有這道辣炒，他斜起盤子，逼出汁來，舀上一匙，淋在飯上。他不太吃肉，專撿炒得香辣的蔥薑蒜吃。以前這些調味香料我是不吃的，總以為老爸是疼惜我們，把好料讓給我們，但從我「懂事」以後，才知道，我爸哪是好心，根本就是因為這幾味香辛料這麼炒法，比肉還好吃，就像我媽以前總是包辦雞腳、雞頭，還騙我們說吃這兩樣東西，寫字手會抖。怪了，這對夫妻，為了獨占好料，竟跟兒女諜對諜。

乾辣腰花

我的印象裡，腰花似乎從來沒和食補連在一塊過，雲南人愛吃腰子，就只因為它好吃。對待美食，用麻油、米酒似乎太虧待了它，自然還是以香辛佐料爆炒之，食其鮮辛爽脆。

材料

腰子兩枚、乾辣椒十粒對半切、洋蔥四分之一顆切塊、大蒜六瓣拍碎、醬油一大匙、鹽一茶匙、油兩大匙。

作法

1. 腰子對半切開，去除脂、筋。如果暫時還不料理，必須泡在水裡，放入冰箱冷藏。
2. 交叉淺劃腰面之後，切成 1×3 公分的腰花片。燒一鍋開水，放入腰花片汆燙，去腥、去血水後濾乾。
3. 起油鍋，爆香洋蔥、蒜和辣椒，放入腰花，以中火拌炒，腰花變色後加入醬油和鹽炒勻便可起鍋。必須注意的是，腰子和豬肝一樣容易熟，切勿炒老。

嗆辣蝦

很多人以為雲南是內陸省分，缺魚少蝦。殊不知雲南遍地河湖，魚蝦等河鮮品種又多又平民，蝦子料理當中，這一味嗆辣蝦最能表現滇味，作法又簡單，備好料，五分鐘上桌。

材料

蝦一斤、蔥三根切末、蒜六粒切末、辣椒粉一大匙、白胡椒粉一大匙、鹽一茶匙、油兩大匙。

作法

1. 蝦去鬚，過油後撈起。
2. 用過蝦的油爆香蔥蒜後，放進蝦子，略微拌炒之後，將胡椒、辣椒粉及鹽一起放入。再拌炒一分鐘即成。

騰沖，大救駕

這座以火山、熱泉和翡翠聞名的邊境之城，對許多國內讀者而言也許從未聽聞。我中小學時有些同學是騰沖人，印象裡他們都比較華貴。

這次去騰沖，印證了我的印象，騰沖人善於經商，且身處滇緬公路要塞，是中國通往中南半島及印度的門戶，加上全球唯一產翡翠的緬甸，過去產銷幾乎被騰沖人包辦，騰沖的富庶可想而知，即使歷經中國改革開放前的艱困洗禮，騰沖的厚實家底及悠悠古韻，仍然處處流露在市容街道、門庭宅第以及百姓的穿戴神色之間。

滇西最慘烈的戰地

滇西是抗日戰爭的重要戰場，而騰沖則是滇西最慘烈的戰地。最後一次決戰，國軍在騰沖人民群起支援，美軍機隊空中轟炸協助之下，將數千名守城日軍全數殲滅，收復淪陷兩年多的騰沖城。騰沖縣長張問德拒絕日軍誘降，痛斥日軍暴行，正氣凛然的《答田島書》，至今仍陳列在墓園紀念館裡；一張張戰爭時期的老照片，訴說著驚天地泣鬼神的血色記憶。墓園裡一張「騰沖人被日軍殘殺統計表」，觀之令人怵目驚心：上綳桿至死，一人；上甩桿至死，四人；灌鹽水至死，一人；油鍋煎炸至死，二人；沸水煮死，一人……。人性一旦泯滅，邪惡力量何其可怖。

中國人這個民族，戰爭似乎是我們永遠無法擺脫的宿命，過去這六十年是很難得的和平，但相較於五千年的歷史，這六十年還不夠長。

參觀國殤墓園，有一令人拍案驚奇之處，我懷疑自己眼花了，這不是中華民國國旗和國民黨黨旗嗎？就這麼大大方方的掛著，這真的是在大陸嗎？國殤墓園紀念的雖是國民政府時代的事，但一面青天白日滿地紅國旗如此公然掛著，令我驚訝地說不出話來。

國殤墓園令人沉重，一列列共三千三百四十六名殉難官兵的墓碑，訴說昨日歷史的悲壯；小小墓碑上的一個個姓名，當年的艱苦作戰，如今的魂魄是否已得到安息？

靜謐幽深的櫻花谷溫泉

騰沖是著名的地熱之鄉，境內遍布溫泉、沸泉、噴氣泉等上百處，其中噴發最激烈、溫度最高的是城西二十公里的熱海，熱海又以一池十公尺寬，形如八卦的「大滾鍋」最為壯觀，一池奶綠色的滾水急劇翻動，串串水花升起、冒出、爆破，這大滾鍋溫度高達攝氏 97℃，近之令人腳軟，聽說曾經有牛隻失足，一天後打撈上岸已經只剩白骨。

熱海景區內，似乎整座山的每一吋都在沸騰，棧道枕木之間、石縫山壁之中，滾燙的水與氣彷彿有人在地底鼓風搧焰，以高壓將大鍋爐的水氣直射噴發而出，氣勢洶湧，步行棧道一趟走下來，猶如在三溫暖的蒸氣室待足六十分鐘。

在騰沖泡溫泉，最讓我回味再三的，是野地裡的櫻花谷溫泉。

我酷愛泡湯，這些年下來，國內外名湯泡過的不算少，但從來沒有任何一個地方像櫻花谷這般原始、幽深、靜謐；它就像深藏在密林中的寶玉，靜靜等待有緣人前去親近。

櫻花谷溫泉不容易去，距離市區二十二公里，但山路顛簸難行，沒有客運往返，只能包車，好不容易到了谷口，還必須陡步穿林攀坡，狹窄山路崎嶇陡峭，體力不好的人，還真無緣親近。路上古樹參天，藤蘿纏繞，溫泉小大共八個池子，奇妙的是，冷熱水出水口經常相距不過二十公分，直接從岩縫裡流入池中，浸泡在純靜溫暖的泉水中，四周參天古木環繞，池邊或有山澗流淌，或有瀑布傾洩奔騰，人間竟有如此祕境，讓我有幸得以相遇。

兩種獨特美食

探訪騰沖，最滿足的是口腹之慾，且騰沖美食只此地才有，別處難尋。其實騰沖獨有的美食僅兩樣：稀豆粉和餌塊，但後者千變萬化，「衍生性商品」多達近十種。

很多人以為稀豆粉和餌塊是雲南非常普遍的吃食，但出了騰沖，稀豆粉基本上在雲南其他地方就絕跡了，稀豆粉配烤餌塊，更是只有騰沖人才這麼吃，別處看不到。大理人吃的烤餌塊薄餅捲醬料，騰沖也沒人這麼吃。稀豆粉冷卻而成的豌豆粉涼拌，騰沖人也不太吃。在昆明，這幾樣東西基本上連影子都看不見。雖然都是在雲南，但飲食文化卻有著高度分化的地域性。

和順古城

騰沖附近的和順，是具六百年歷史，古典秀美的古鎮。這是一處人間祕境，保存雲南最具古典風格的鄉村景致和明清以前許多建築和民風民俗，百年前建造的畫棟、雕樑、傢俱、牌坊、文廟、匾額，皆完好如初。當地柳堤蓮塘，魚米常豐，居山面水，一派鍾靈。

和順人家多為往來滇緬印度貿易的富商，宅第建築深幽渾宏，或許正因已經富過數代，和順文化氣息濃厚，地處偏僻，卻擁有中國最大的鄉村圖書館，重文興教，不乏記入史冊的文人墨客。和順因居民大多往來海外經商，因此有很多和順人移居海外，幾乎每一家和順人都有人住在國外，是中國有名的僑鄉。「十人八九緬經商，握算持籌最擅長。富庶更能知禮義，南州冠晚古名鄉。」這首詩便是和順文人李根源描寫和順之作。

稀豆粉

稀豆粉是邊城騰沖人的早餐。早餐舖裡人頭鑽動，一口大鍋裡熬著黃澄澄的稀豆粉，老闆娘杓起杓落，通常頭也不抬，手上一碗碗的稀豆粉就這麼被排隊的客人給端走了，找好桌子占了個位兒，到門口炭火爐邊搶到一塊烤好燙手的餌塊粑粑，坐定之後，將桌上瓶瓶罐罐裡的佐料按順序放了一遍，把餌塊撕成小片兒，扔進稀豆粉裡，用筷子一攪和，一碗美味就出現了。用筷子夾住餌塊，在稀豆粉裡轉一圈，讓餌塊裹住一層稀豆粉，送進嘴裡，那稀豆粉的香滑，餌塊的嚼頭，這碗早餐可是太享受了。

吃稀豆粉添加的佐料種類，作法多樣繁複，除非是雲南人的家庭，否則一般難以隨時齊備，但就是這些佐料，將帶著濃濃豆香的稀豆粉調得香味撲鼻，一筷子夾起拌在裡面的餌塊、河粉或油條，被濃度恰到好處的稀豆粉完全包裹住，佐料的香、餌塊的Q、稀豆粉的滑潤，三者合在一起，簡直是人間美味。

| 材料

乾豌豆兩斤、切片餌塊（年糕）或米干一包，或油條五根。

| 佐料

炒香磨碎的芝蔴和花生、蒜油、辣油、花椒油、草果油、八角油、香菜、醬油、鹽。

| 作法

1 將豌豆洗淨後，用兩倍的水泡一個晚上。隔天連同水一起放到調理機裡打到最細。

2 **取第一道漿：**以棉布過濾出帶芡粉的豆漿，稱之為第一道漿。

3 **取第二道清漿：**剩下的豆渣加兩倍的水再濾一次，濾出的豆漿夾帶芡粉大為減少，稱之為清漿，與第一道漿放在不同的容器裡。

4 **煮出稀豆粉：**等第一道漿及清漿中的芡粉都徹底沉澱，將上層清澈如水的清漿倒出，用小火慢煮清漿，不必煮滾，大約煮到五、六十度，再將沉澱的芡粉和著點清漿或水調勻，邊攪拌邊慢慢倒入清漿內，過程中要不停地攪拌至最後，不能停，稍一不慎便會因為芡粉沉底而煮焦，芡粉加到稀豆粉濃稠度適中時便須停止添加，太濃會結塊，太稀會無法包覆住吃時加在裡面的餌塊絲、餌塊、米干或油條。

5 假如發現第一道漿的清漿及芡粉都用完，而正在鍋裡煮的稀豆粉太稀，則將第二道漿的芡粉取出，和著點清漿或水調勻，邊攪拌邊徐徐加入。如果太濃，則反其道行之，用第二道漿的清漿，徐徐加入至適合的濃度。

6 稀豆粉在小火中徐徐拌煮至冒出 粒粒泡泡（突破稀豆粉表面爆破），即大功告成。但需注意的是，煮好後不能關火，否則稀豆粉便會冷卻凝固變碗豆粉。它必須用微火繼續保持熱度，才能維持稀豆粉的形狀。

7 吃的時候，將油條、米干或烤過的餌塊片鋪在碗公底部，舀上一杓熱熱的稀豆粉，淋上適量的醬油、鹽、辣油以及蒜油、八角油、花椒油、芝麻油各半大匙，炒香的花生一大匙。

豌豆粉

| 材料

碗豆粉切薄片、小黃瓜切絲。

| 作法

將材料、佐料拌勻即可。

| 佐料

花椒油兩茶匙、草果八角油一匙、蒜油一匙、辣油一匙、醋一大匙、醬油兩茶匙、鹽半茶匙、糖半茶匙、炒香的芝麻和花生各一大匙。

雲南著名的豌豆粉，就是稀豆粉冷卻而成，吃的是涼拌。豌豆在全世界似乎都沒有被當成主食的紀錄，唯有在雲南。我找不到豌豆為什麼在雲南如此受重視的資料，是歷史因素？抑或地理條件？地緣因素？

只有一次，到昆明參觀西南聯大。西南聯大是抗戰時全中國的學術精英集中地，若非當時偏僻的西南聯大保全了全中國的金頭腦們，對國民黨撤台後的台灣而言，浩劫不輸大陸的文革。當時的聯大，如今已經變成雲南師大。校方請我們吃飯時，特別上了道豌豆粉說，這道菜，救了中國的文化與科學的精英，因為當時物資缺乏，唯有土生土長的豌豆源源不斷，質地細膩滑嫩，調味酸甜麻辣、口感有豌豆特殊芳香的豌豆粉，是全校師生最愛的人氣王。換句話說，全中國的學術精英都集中到偏僻的西南聯大時，豌豆粉便已經是雲南的地方特色小吃了，因此他還是無法解釋雲南為何獨沽豌豆這一味。

豌豆粉可以做菜，可以當主食，也可以當點心，雲南各地街頭巷尾，都有得賣，餓了饞了，隨時來上一碗。台灣的雲南館子，幾乎都有賣豌豆粉，但多數不純，多少摻了米或其他豆類，吃不到濃濃豌豆香。反而是中壢忠貞新村的幾家小店，甚至在菜市場裡的小攤子，吃得到純豌豆做的豌豆粉。

大救駕

| 材料

條狀年糕、小白菜、番茄、洋蔥、蒜瓣、新鮮紅辣椒、肉絲、香菇、胡蘿蔔、蛋、蠔油或醬油、鹽、糖、白胡椒粉。

| 作法

1 香菇泡軟，番茄切薄片，其餘蔬菜皆切絲。

2 這道小吃的絕竅，在於先用油將蠔油或醬油炒出焦香，再下蒜瓣、洋蔥絲、辣椒絲拌炒出香味，接著依序下肉絲、蛋、胡蘿蔔絲、香菇和餌塊，最後再放入小白菜略炒，起鍋前以鹽、一點點糖和胡椒粉調味。

騰沖威風凜凜的「大救駕」原來是餌塊。就因它救過一個皇帝，這道雲南尋常小吃便得了這麼個響亮的名字。據說明末清初，吳三桂率清軍打進昆明，明朝永曆皇帝逃往滇西，清軍緊追不捨。永曆皇帝逃到騰沖，天色已晚，一行人走了一天山路，飢餓難耐。找到一戶人家歇腳後，主人端上騰沖平常得不得了的炒餌塊。永曆這位落難皇帝本是深宮弱質，又經長途奔波，歷盡劫難，今日得以安坐，食此紅、綠、白、黃相映，細糯滑潤，鮮香甜美的庶民小吃，直如珍饈，讚不絕口，遂言「真乃救駕也」，騰沖炒餌塊因此改名爲「大救駕」，從此膾炙人口。

餌塊其實跟寧波年糕是一樣的東西，只是形狀不同，吃法不同。它以有黏性的米蒸舂搗成，基本形狀是圓形磚狀，吃時切成一公分厚的圓餅烤來吃；或切薄片，用火腿、肉絲、雞蛋、番茄和青菜爆炒來吃。和江浙的炒年糕不同，大救駕切得更薄，厚度接近台式河粉，因為必須快炒，如果直接購買市售年糕片，便會有不入味的缺點，因此最好買條狀年糕，耐心切成薄片。

餌塊也有製作成絲，燙軟後放在各式湯裡吃，最著名的是耙肉餌絲（見 27 頁）。 也有將餌塊擀成像河粉一般薄的圓形薄片，在炭火上略烤，抹上辣豆腐乳、辣椒醬，撒上芝蔴、香菜，捲起來吃，醬料的鹹香和餌塊餅的 Q 糯，相得益彰。騰沖人對餌塊的愛戀還真不是一般，早上吃烤餌塊配稀豆粉，中午吃湯餌塊絲，下午吃烤薄片餌塊捲豆腐乳，晚上吃大救駕，全都是餌塊的變身。

雞腦

| 材料

雞柳條四條、蛋清兩粒、草果粉半匙、水半杯、鹽半匙、油一匙、珠蔥或普通青蔥花一大匙、醫用橡膠手套一隻。

| 作法

1. 雞柳切除所有的脂肪和筋膜，用調理機打成泥之後，取出加水，此時，戴上手套，細細搓捏，將肉泥裡殘餘的粗筋清除乾淨，不經這道程序，無法讓雞腦細嫩。
2. 在肉泥裡加入蛋清、鹽和草果粉，用打蛋器打個兩分鐘，目的在讓蛋清變得綿密。
3. 起油鍋，用小火溫油，將肉泥慢慢拌炒，直到肉泥變成蓬鬆的白色，便可起鍋，盛入美麗瓷盤，撒上切得細細的蔥花，便成母親騙了我三十年的雞腦。

這一篇，該讓母親的雞腦登場了。

雞腦非腦，而是雞肉泥和蛋清，被我母親唬弄了這麼多年，我還是很高興終於發現了真相，至少我從此知道怎麼複製這道佳餚。

到了騰沖，才知道雞腦原來是騰沖名菜，聽說過年必吃，讓人來年更有頭腦。

謹以這道食譜，向我那　生叱吒風雲的馬幫母親致敬，也希望能讓更多人品嚐到這道滇味驚奇。

麗江，菇蕈王國

旅遊書上都說，麗江是最適合發呆的地方，但我卻要說，麗江最不適合做的事，就是發呆。人太多，不是黃金週，不是週末假日，卻也到處摩肩擦踵。麗江太觀光化，像一盤調味過重的菜餚，早已看不到食材的原貌，吃不出食材的原味；一家接一家標榜個人創作的小店，被我無意間闖進隱身在八卦陣最邊陲的批發巷撞破了祕密，衣服、飾品、手工藝品，全都是這兒批出去的，哪來的個性呢？這些小店，擺到西門町，也適合。

讓人大失所望的麗江小吃

聽著店內的喧嘩，看著店外的人潮，我問老闆：

「人怎麼這麼多呀？」

「妹妹呀，現在是淡季啊。」

那、那、那……，旺季豈不抬起腳就沒地方擺回去了嗎？

麗江客棧、酒吧，多如繁星，多的是標榜「發呆」、「聊天」的小資情調。大陸有本旅遊書叫《麗江的柔軟時光》，告訴你到哪吃到哪玩可能會有艷遇，這本書賣得紅火，一刷再刷。是啊，沒事可做啊，不靠泡吧找艷遇，哪能對麗江留下如夢的回憶？

宣傳品上「不可不吃」的麗江小吃，讓我大失所望；糯米血腸，不就是台灣的豬血糕嗎？作法是油煎後撒些鹽和辣椒粉，吃時只吃得出滿嘴厚重的鹹味和辣味，味道遠不如台灣普通鹽酥雞攤撒了胡椒鹽的炸豬血糕那麼有層次，比咱們裹上花生粉和香菜的蒸豬血糕，那就差得更多了。

菜市場裡發現新大陸

窮極無聊，決定起早逛菜市場去。這一逛，可讓我樂得心花朵朵開。

雲南是菇蕈王國，雲南人將所有的菇蕈統稱為蕈子。野生可食用的菇蕈上百種，別處希罕價昂的松茸、雞樅菌、牛肝菌，不過是雲南尋常人家的家常菜餚。如果進行全民健檢調查，雲南人體內的多醣體，應該是全中國最多的吧。

到麗江時，正是野蕈盛產的秋季。菜場邊到處都有蕈子攤在地上賣。我摸摸聞聞，最後買了奶漿蕈，回民宿請老闆娘幫我做火燒蕈子。她聞言吒異：「妹子，這火燒蕈子，我還沒聽過哪個外地人曉得的。」

每到蕈子季節，是美斯樂山地民族收入最豐的時候。蕈子必須當天採。山地人透早摸黑進山，摘取一朵朵各式各樣珍貴的蕈子。每一種蕈的顏色、形狀和香氣，與我們在現代城市裡買得到的菇蕈太不一樣了。

很多小時候常吃的蕈子，離開美斯樂到台灣唸書之後，便很少再見到了，因為每次回泰國的時間都不對。但到了雲南，又全都見著了。其中有一種灰白色的白參，只有指甲大小，拿來蒸蛋會散發出一股媲美松露的香味。

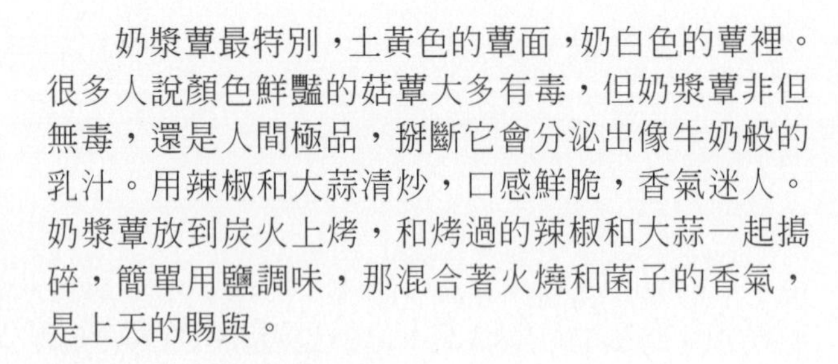

奶漿蕈最特別，土黃色的蕈面，奶白色的蕈裡。很多人說顏色鮮豔的菇蕈大多有毒，但奶漿蕈非但無毒，還是人間極品，掰斷它會分泌出像牛奶般的乳汁。用辣椒和大蒜清炒，口感鮮脆，香氣迷人。奶漿蕈放到炭火上烤，和烤過的辣椒和大蒜一起搗碎，簡單用鹽調味，那混合著火燒和菌子的香氣，是上天的賜與。

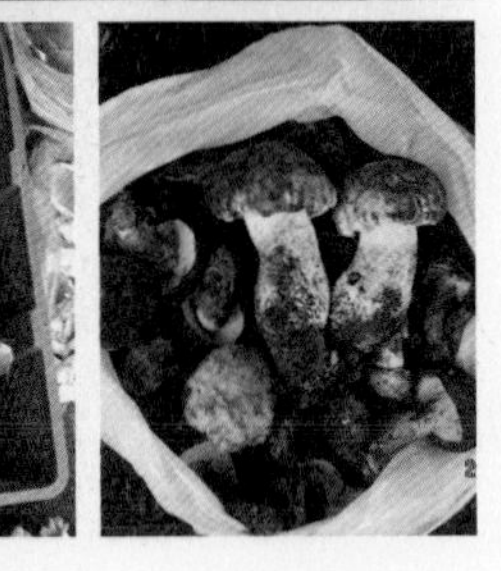

蕈中之王是雞樅

又比方香氣遠勝於松露的雞樅，是蕈中之王，清炒便已滋味醉人。雞樅和松露一樣，無法人工培植，而且只有一天壽命，當太陽一照，它便香消玉隕，化成一灘水。

雞樅盛產時，誰家碰到山地人揹著一簍簍雞樅來賣，沒人會捨得不貪多，每一家都是逮到機會便買了一竹簍又一竹簍。因為除了清炒之外，還可以做兩樣聞名全中國的雞樅美食——油雞樅和乾雞樅。

我每次回家，雖然碰不到雞樅的季節，但母親都會備下油雞樅和乾雞樅，讓我帶回台灣解饞。

台灣沒有雞樅，但我試過用秀珍菇做油雞樅，香氣沒有雞樅的十分之一，但已經十分好吃。新北市中和華新街上也有一家店，用秀珍菇做油雞樅賣，一罐三百元，也頗美味。

燒蕈子

台灣也沒有奶漿蕈，但改用白洋菇來做燒蕈子，味道也出乎意料的好，當配飯的小菜，十分下飯。

| 材料

洋菇一盒、大蒜六瓣、辣椒兩根、鹽半茶匙。

| 作法

1. 洋菇、大蒜、辣椒放入攝氏 200 度預熱的烤箱，烤至洋菇變軟變色；大蒜帶皮者表皮出現褐色，不帶皮者，蒜瓣變黃；辣椒表皮出現褐色或灰白色的斑塊即可。請注意，三者需要的時間不同，必須時時查看。
2. 將大蒜、辣椒去皮，與洋菇一起搗碎或切碎，再加鹽調味即可。

油雞樅

| 材料

秀珍菇兩斤、草果六粒略拍破、大蒜瓣和紅蔥頭各半碗、生辣椒五根、油兩大碗、鹽兩茶匙。

| 作法

1. 將蒜、紅蔥和辣椒剁碎或碾碎備用。
2. 用乾炒鍋將秀珍菇加鹽不斷翻炒，讓它出水，一直到水收乾後取出備用。
3. 將油燒到溫熱，放入蔥蒜辣椒末，炒香炒黃後，再放入草果，炒到有香氣散出。
4. 放入炒乾的秀珍菇，一直翻炒至菇變成褐色即大功告成。

這道菜看似簡單，卻很耗時，做一次需將近半小時。而因為用油泡著，放冰箱可以保存好幾個月，不妨一次多做點留著。肚子餓了，不必做菜，舀上一杓澆在白飯上，軟硬適中的菇，帶著香氣的油裹著白飯，保證你三兩下便解決一碗白飯。我尤其愛吃那裡頭香香軟軟的大蒜，是別省菜系裡不會吃到的大蒜新滋味。

雲南人喜歡拿油雞樅來下酒，小孩子喜歡拿它來拌飯。它香氣襲人的油，用來拌麵、拌青菜都很迷人。

雞樅採收的季節，除了現吃和做油雞樅之外，雲南人還喜歡把它曬乾保存。乾雞樅泡熱水回軟之後，切碎，拌上烤香的青辣椒，再加點香菜和鹽調味，便是一道天賜的涼拌美食，省著點就當菜吃，豪奢些則當餐間的點心。

台灣的乾香菇和秀珍菇，也適合曬乾後這麼拌著吃。

涼拌百菇

雲南人愛吃菇，料理手法也有許多變化，煎、煮、炒、炸之外，涼拌菇蕈，更是別處少見的料理，菇蕈容易出水軟化，最好即拌即吃，非但不能隔夜，連隔餐都不宜。

| 材料

紅椒黃椒各四分之一粒，珊瑚菇、杏鮑菇、新鮮香菇、木耳、秀珍菇、茶樹菇各幾朵（基本上，只要用不同形狀和顏色的菇相互搭配，任何菇類皆宜），蒜瓣三瓣、辣椒一根、糖半匙、香菜兩根切碎、鹽一茶匙、檸檬一顆榨汁。

| 醬汁

將切碎的蒜瓣和辣椒、糖、醬油、鹽、檸檬混合。

| 作法

1. 紅黃椒切絲，各種菇類用滾水略燙濾乾，香菇和木耳切絲，其餘菇類若體積大可略撕一撕，個頭小的如珊瑚菇、茶樹菇則切掉蒂頭即可。
2. 食材淋上醬汁，最後撒上香菜，便成了一道黃紅綠白褐的爽口涼拌百菇。

涼拌木耳

木耳無論黑白，都很適合涼拌，因為它沒有熱量，又含有多醣體，養顏美容，口感脆脆涼涼的，夏天吃，非常爽口。

| 材料

黑白木耳皆可，發泡後約一碗的量，將粗硬的蒂切掉，再切成兩指寬的片。嫩薑絲一大匙、醋或檸檬汁一大匙、生辣椒切末半匙、蒜切末半匙、糖半茶匙、花椒油半茶匙、鹽一茶匙。

| 作法

將所有材料拌勻即可。

雲南市集與滇菜餐廳、採購指南

雲南菜在台灣，多半躲在到處可見的泰國廳餐裡，除了中壢龍崗「忠貞新村」和新北市中和「華新街」兩處比較集中的聚落之外，少有純粹雲南餐館。台北市比較叫得出名號的有老字號的「人和園」、「滇味廚房」和發蹟自忠貞的「荷風中國菜」。

兩處聚落，忠貞新村的雲南人一半來自泰國，一半來自緬甸；華新街的雲南人則全來自緬甸。呈現出來的人文和飲食樣貌，截然不同。

忠貞新村的館子，最大公約數是「雲南菜」；華新街的最大公約數卻是「緬甸菜」。在台灣吃雲南菜，同時享受逛市集、買食材之樂，忠貞新村是首選，華新街則洋溢著濃濃的緬甸風。

忠貞新村

週末上午最齊全：忠貞新村的雲南館子，包含攤子在內，總數多達二、三十家。麻煩的是，這些店或小攤子，不是每週只賣週六、日上午，就是早上五、六點就開賣，下午一、兩點就打烊。忠貞市場要週末上午去最保險，一定不會撲空，而且還可以充分享受滿街雲南人趕集、雲南話滿天飛的樂趣。當然也有幾家現代化的連鎖店或全天候營業的餐廳，比方雲山小館、阿美米干、阿秀米干、光復雲仙小吃店、雲南人家。

滇味隱匿在市場小攤裡：在忠貞新村買食材，各家餐館都有一些，尤其是各式醃菜。但隱在菜市場沿途、沒名字的小攤子，才是重點，非逼得你慢慢走、細細瞧，才能夠發現豆豉、乳扇、酸木瓜、雲腿、草果、芭蕉花、豌豆片、糯米粑粑、蕎麥涼粉、米涼粉和涼蝦的芳蹤。

傣族的熟食攤：忠貞新村的少數民族，以擺夷（傣族）居多。擺夷名菜芭蕉花湯，在忠貞新村的早市，就可以在一攤傣族婦女的熟食攤買得到；除了芭蕉花湯，這傣族婦女的熟食攤還買得到烤甜粽、波羅蜜湯、可以澆在飯或麵上的番茄紹子、香料烤魚和魚辣醬等傳統傣族美食。

傳統滇味便宜買：雲仙小館、雲南人家、阿秀米干，都可用批發價買到大薄片；阿米美干則可以買到破酥包。阿秀米干和盧媽媽米干，可以買到稱斤賣、附湯的自製米干和雲南豆腐腸。還有無店面，自製各式醃菜批發的李子永、張蓮蕙夫婦倆。

店家都在市場周邊：別被這些店家五花八門的地址給騙了，表面上看，它們分布在平鎮市、中壢市、八德市，多去幾次你就知道，它們全集中在忠貞市場方圓五百公尺之內。

忠貞市場怎麼去？

🚗 國道三號大溪／中壢交流道，在中壢方向下交流道，走112甲道，左轉仁和路二段，繼續沿112縣道前進，於新生路右轉，再於龍宮街左轉，直走300公尺便是忠貞市場。

台北的滇菜餐館

人和園
住址：台北市中山區錦州街 16 號
電話：02-25364459

滇味廚房
總店：台北市文山區指南路二段 167 號
電話：02-29384788
永吉店：台北市信義區永吉路 30 巷 178 弄 2 號
電話：02-27665027

荷風中國菜
總店：台北市松山區民權東路三段 106 巷 32 號
電話：02-25453536
內湖店：台北市內湖區成功路二段 373 號
電話：02-66177890

忠貞新村

食材批發：李子永、張蓮蕙
住址：桃園縣八德市宵裡里龍宮街 11 號
電話：03-3651505

阿秀米干
住址：桃園縣中壢市龍平路 207 號
電話：03-4568767

盧媽媽米干
住址：桃園縣八德市榮友一村 5 號
電話：03-3656032

雲南人家
住址：桃園縣平鎮市龍江路 138 號
電話：03-4369966

阿美米干
住址：桃園縣平鎮市中山路 142 號
電話：03-4567399

光復雲仙小館
住址：桃園縣平鎮市中山路 168 號
電話：03-4658245

華新街

南洋觀光美食街：中和華新街的南洋觀光美食街，是以新北市中和區忠孝街與華新街的交口，以及整條華新街所形成的T字形地區為範圍，距離台北捷運南勢角站和興南夜市僅有十分鐘路程，有區公所專屬免費公車自捷運南勢角站接駁。主要以美食觀光業為主，平日以在地緬甸華人居多，假日以外來客為主。每年四月中的潑水節活動為商圈重要節慶。

一早熱鬧滾滾：每天早上六、七點，華新街就已經熱鬧滾滾，每家店幾乎都開了，騎樓坐滿了緬甸華人喝早茶、吃早餐。緬甸人早上習慣喝熱奶茶，配印度烤餅或乾麵、魚湯麵，甚至一大早便來盤咖哩飯。

緬甸風吃食：緬甸人人種、長相和風俗習慣與印度人比較接近，也吃很多咖哩，而且不加椰漿；只有泰國人吃咖哩加椰漿。而雲南人呢，既不吃咖哩，也不吃椰漿。總之，我要說的是，「滇緬」、「雲泰」這兩個詞，地理上與飲食上涵括了三個國家，出了台灣，各自為政，只有在台灣，三者玩出多種組合。

四家正宗雲南菜：華新街比較正宗的雲南菜，只有四家：滇城雲南美食、鴻園雲南餐廳、湘園美食和真好味雲南小吃。滇城和真好味以碗豆粉、稀豆粉及幾種不同湯頭的粑粑絲為主。鴻園則吃得到乳扇、牛乾巴、葉子包魚、雲南香腸、酸筍和醃菜等料理。湘園可以吃到還算正宗的過橋米線。

唐媽媽辣醃菜：華新街上有位唐媽媽，做的辣醃菜特別新鮮好吃，她週六、日在華新街市場口擺攤稱斤賣，但幾乎一擺上就立刻被搶光，最好事先打電話向她預訂。

食材店：華新街上有兩家比較大的食材店金鷹和興達，店裡販賣的食材多偏緬甸乾貨，但泰國、越南的米線、粑粑絲和醬料也都買得到。

滇城雲南美食

住址：新北市中和區華新街 78 號
電話：02-29462325

鴻園雲南美食

住址：新北市中和區忠孝街 2 之 7 號
電話：02-29444391

真好味雲南小吃

住址：新北市中和區華新街 75 號
電話：02-29481257

湘園美食

住址：新北市中和區華新街 83 號
電話：02-29492946

唐媽媽辣醃菜

電話 02-29491790

金鷹商行

住址：新北市中和市華新街 34 號
電話：02-29468189

興達商店

住址：新北市中和市華新街 71 號
電話：02-86680910

雲南菜上桌
馬幫之女的爆香食冊

作　　者　賀桂芬
食譜攝影　廖家威
特約主編　張碧員

發 行 人　麥成輝
社　　長　喻小敏
總 編 輯　林毓瑜
編 輯 部　王曉瑩
行 銷 部　李明瑾
業 務 部　郭其彬、王綬晨

出 版 社　本事文化股份有限公司
105 台北市松山區復興北路 333 號 11F 之 4
電話：(02) 2718-2001
傳真：(02) 2719-1308
E-mail：motifpress@andbooks.com.tw
營運統籌　大雁文化事業股份有限公司
地址：台北市 105 松山區復興北路 333 號 11 樓之 4
電話：(02)2718-2001
傳真：(02)2718-1258

香港發行所　大雁（香港）出版基地 · 里人文化
地址：香港荃灣橫龍街 78 號正好工業大廈 22 樓 A 室
電話：(852)2419-2288　傳真：(852)2419-1887
網址：anyone@biznetvigator.com

封面 & 內頁設計 徐小碧
印　　刷　上晴彩色印刷製版有限公司
● 2014（民 103）1 月初版
● 2015（民 104）10 月 26 日初版 3 刷
定價 380 元

ISBN 978-986-6118-67-8（平裝）

國家圖書館出版品預行編目資料
雲南菜上桌：馬幫之女的爆香食冊／賀桂芬著
---. 初版 .一 臺北市 ； 本事文化，民 103.01
面　；　公分

ISBN 978-986-6118-67-8（平裝）
1 食譜 2 中國

427.11　　102023375